乡村振兴农业高质量发展科学丛书

食药用菌

◎ 万鲁长 等 编著

中国农业科学技术出版社

图书在版编目（CIP）数据

食药用菌／万鲁长等编著 . --北京：中国农业科学技术出版社，
2023.8

（乡村振兴农业高质量发展科学丛书）

ISBN 978-7-5116-6414-3

Ⅰ.①食…　Ⅱ.①万…　Ⅲ.①食用菌-蔬菜园艺-普及读物

Ⅳ.①S646-49

中国国家版本馆 CIP 数据核字（2023）第 163911 号

责任编辑　白姗姗
责任校对　王　彦
责任印制　姜义伟　王思文

出 版 者　中国农业科学技术出版社
　　　　　北京市中关村南大街 12 号　　邮编：100081
电　　话　（010）82106638（编辑室）　　（010）82109702（发行部）
　　　　　（010）82109709（读者服务部）
网　　址　https://castp.caas.cn
经 销 者　各地新华书店
印 刷 者　北京建宏印刷有限公司
开　　本　170 mm×240 mm　1/16
印　　张　12.75
字　　数　240 千字
版　　次　2023 年 8 月第 1 版　2023 年 8 月第 1 次印刷
定　　价　80.00 元

乡村振兴实践过程中，针对农业产业发展遇到的理论、技术等各层面问题，组织科研人员精心撰写了《乡村振兴农业高质量发展科学丛书》，展现科学成就、兼顾科技指导和科学普及，助推乡村全面振兴。

《乡村振兴农业高质量发展科学丛书——食药用菌》
编著名单

主 编 著　万鲁长

副主编著　王永会　黄春燕

编写人员（按姓氏笔画排序）

万鲁长　王永会　任海霞　任鹏飞

曲　玲　杨　鹏　郭惠东　黄春燕

韩建东　谢红艳

目　　录

第一章
食用菌优质安全生产基础知识

第一节　认识食用菌

1. 什么是食用菌？

食用菌是指可供食用的大型真菌，也通称为蘑菇。中国食用菌野生资源十分丰富，据统计中国野生食用菌有1 000余种，目前驯化栽培的食用菌种类超过100种，商品化的种类60个左右，全世界最多。常见的食用菌有平菇、香菇、草菇、双孢蘑菇、黑木耳、毛木耳、榆耳、金针菇、鸡腿蘑、银耳、金耳、猴头菇、杏鲍菇、白灵菇、榆黄蘑、滑菇、黄伞、巴氏蘑菇、茶树菇、竹荪、大球盖菇、羊肚菌、长根菇、灵芝、蛹虫草、桑黄和绣球菌等。

2. 为什么说蘑菇不是蔬菜？

真菌与植物、动物各为一界，从分子系统上来说，真菌与动物的关系比植物还亲。与植物不同，蘑菇不能进行光合作用。

3. 食用菌的形态结构有哪几部分？

虽然食用菌看起来形态各异，但基本结构大致相同。正常情况下，主要由菌丝体、子实体和孢子三部分组成。

菌丝由孢子在适宜条件下萌发，形成管状细胞，集聚形成丝状，菌丝体是由大量菌丝交织在一起而形成的。

当菌丝体达到生理成熟的时候，便会发生扭结，形成子实体原基，进而形成子实体。实际上子实体是食用菌的繁殖器官，主要生长于基质表面，消费者通常所看到和购买的菇、蘑、耳就是子实体。

不同种类食用菌其孢子大小、形状、颜色及表面纹饰都有较大的差异。一般情况下有圆球形、卵圆形、椭圆形、长方椭圆形、麻点和多角形等20多个形态。孢子的颜色有白色、粉色、奶油色、青褐色和黑色等多种。其传播方式也十分复杂，有的靠弹射传播，有的则靠风雨传播，还有一些靠动物来进行传播。

4. 食用菌如何分类？

（1）食用意义上的分类。

①食用种类：人工栽培的种类多是作为食物直接食用，它占食用菌的大

多数。

②药用种类：指子实体或菌丝体直接或经加工提取后的产品，可作为药用。

③食药兼具种类：多数食用菌类均有一定的食疗作用。

（2）营养方式上的分类。

①木腐菌：多以阔叶木本植物的木屑（材）作为栽培基质。野生条件下，常生长于干枯木上。

②草腐菌：以草本植物特别是禾本科植物的秸秆（如麦秸、稻草、玉米芯等）为主要碳源。在野外常见于腐熟的厩肥和腐烂的草堆中。

③粪生菌：野生条件下，常见于发酵后的牛粪、马粪的粪堆上；栽培时只可利用草本秸秆，而且需要添加大量的马粪、牛粪、鸡粪、厩肥、化肥等含氮量丰富的原料。

④土生菌：野生条件下，多发生于林地、坡地、水沟旁的地面上。有的其发生处土层下面有其生存的基质（枯枝、腐根等）。

5. 食用菌的生长发育分为哪几个阶段？

食用菌生长发育分为营养生长阶段（菌丝生长期）和生殖生长阶段（出菇期）。

（1）营养生长阶段。一般来说，食用菌的生长是从孢子萌发开始的，用孢子进行繁殖是真菌的主要特点之一。在适宜的外界条件下，孢子吸足水分，孢子壁膨胀软化（氧气容易渗入），孢子萌发，形成初生菌丝，不同性别初生菌丝配对后进行质配，形成次生菌丝，即意味着营养生长的开始。

（2）生殖生长阶段。在培养基质内大量繁殖的营养菌丝，遇到光、低温等物理条件和搔菌之类的机械刺激，以及培养基的生物化学变化等诱导，或者有适合出菇（耳）的环境条件时，菌丝即扭结成原基，进一步发育成菌蕾、分化发育成子实体，并产生孢子。从原基形成到孢子的产生，这个发育过程称为生殖生长阶段，也叫子实体时期。

6. 食用菌有什么营养？

食用菌风味独特、味道鲜美、营养丰富，人体必需氨基酸种类齐全，比例平衡，蛋白质含量一般为 15% ~ 30%，是普通蔬菜的 2 倍；脂肪含量只有 2% ~ 5%，而且 85% 以上都是利于健康的不饱和脂肪酸，属于高蛋白、低脂肪的健康食品。同时，还含有维生素 B、维生素 E 等多种维生素和钾、铁、钙、硒、锗等矿物质。

7. 怎样鉴别毒蘑菇？

有人说颜色鲜艳、样子好看或菌盖上长疣的有毒；有的说不生蛆、不生虫的有毒；有的说有腥、辣、苦、麻、臭等气味的有毒；有的说受伤后变色的有毒；也有的说烹煮时能使银器、大蒜、米饭等变色的有毒等。事实证明，某一说法对某一种毒菇的鉴定可能是对的，但绝不能作为鉴别所有毒菇的依据。例如，毒伞、白伞等颜色并不鲜艳、样子也不好看，受伤也不变色，也不能使银器和大蒜变黑，然而都含有致命的毒素。香口蘑，不生蛆，不生虫，却是一种名贵的食用菌。相反，豹斑毒伞，是有名的毒菇，既生蛆，也生虫。还有多种牛肝菌，俗称"见手青"，一碰就青，但却是风味独特、口感滑润细腻的美味食用菌。因此要准确地认识毒菇，需要大型真菌的分类学知识，不能一概而论。野生菇千万不能轻易食用，以免中毒。

8. 食用菌干品营养价值高还是鲜品营养价值高？

食用菌种类很多，不同种类风味和口感不同，可以满足不同消费者的需求。但是加工有时会导致风味和口感发生很大变化，如松茸鲜品菇体肥大，肉质细嫩，香气浓郁，味道鲜美，别具风味，而干品泡发后肉质相对粗糙，口感变差。

许多食用菌干品，如香菇、黑木耳、银耳、竹荪等都是名贵食品。但大部分食用菌在干制过程会引起营养成分及品质的变化，菇体中的部分生理活性物质以及一些维生素类物质（如维生素 C 等）往往不耐高温，在烘干过程中易受破坏，菇体中的可溶性糖在较高的烘干温度下容易焦化而损失，并且使菇体颜色变黑，营养价值降低。

一般来说，鲜食用菌的营养价值高，但香菇烘干后香味才浓郁，木耳晒干后再泡发才更适宜食用。

9. 哪类人群吃食用菌要注意？

几丁质构成了食用菌的细胞壁，而几丁质是不易消化的粗纤维，对于消化不良或患胃溃疡等消化系统疾病的人，食用菌不宜多吃。食用菌中多样的次生代谢产物，目前研究不详，过敏体质人群也不宜大量食用。

10. 如何保证食用菌优质安全？

食用菌的标准化生产技术体系能保证食用菌产品的优质安全。2003年2月，中国食用菌协会根据国内外食用菌生产的现状，提出了实施食用菌标准化生产的意见。标准化生产包括以下几个方面。

（1）食用菌产品生产环境的标准化。菇房菇棚的建造选址要求地面平坦、开阔、高燥，通风良好，排灌方便。周围环境卫生，无有害气体、废水、垃圾和污染源，并远离禽畜场、垃圾站和堆肥场等不洁场所，生产用水源符合饮用水卫生标准。使用发酵料栽培的种类，菇房附近要有足够的场地用来发酵，且发酵场与菇房至少间隔100m，中间有建筑物或绿化带作间隔，以阻止发酵场的病虫害侵染菇房。

（2）投入品的标准化。生产过程中尽可能少地使用化学添加剂，应尽量使用物理方法制造的添加剂，如石灰、石膏，不使用成分不清的"三无"产品。

（3）生产过程的标准化。选育和引进优良菌种，提供良好的生态条件，认真防治病虫害，以预防为主，从而减少和避免农药的使用，并做到任何情况下都不能将农药直接喷在子实体上。当病虫害发生严重，必须化学防治时，一定要将菇（耳）全部采收后再用药，并使用高效低毒药物，待残留期过后再催蕾出菇。

（4）食用菌产品及其加工品的标准化。加工过程中使用各种漂白、保鲜等添加剂不能过量，要严格按照使用说明来做，不能盲目追求产品颜色过量使用。

（5）食用菌产品及其加工品包装、贮藏、运输、营销的标准化。不同种类食用菌要采取相应的包装运输策略，鲜品可以采取速冻、低温、调气等方法进行保鲜，干品则要尽可能保证干制过程中其营养物质不被破坏，密封包装。

第二节　品种和菌种使用

 11. 怎样选择栽培种类和品种？

栽培种类的确定要以自己的栽培设施和环境条件及市场需求为立足点。选择栽培种类之前最好做一下市场和生产调查，了解产品的市场价格和栽培原材料价格，比较和计算拟选择种类的栽培成本，进行产品的市场定位。

确定栽培的种类后再选择品种。每种食用菌中又有很多品种，特别是大宗栽培的平菇、香菇、黑木耳等种类品种更多。就要根据栽培季节的气候和市场定位来决定，不同的品种适合不同的季节和产品形式。

12. 购买菌种时要注意什么？

食用菌菌种是食用菌生产成败的关键，使用优质菌种会给菇农带来高产量、高收益；如果误用劣质菌种则会给菇农带来严重损失。因此，在购买菌种时应注意以下几个方面。

（1）首先要选择有相应资质的供种单位购种。购种的同时，也应索要相关技术资料。提供详细的品种特性、培养条件和栽培要点等技术资料是供种者的义务。如果供种者不能提供令人满意的技术资料，其资质和质量保证能力值得怀疑。

（2）购买者应咨询所购菌种种类、品种、级别、培养基种类、接种日期、保藏条件、保质期等，对所购菌种做到心中有数。

（3）对菌种质量的外观进行鉴别，菌种是否洁白、丰满、粗壮、有无老皮和黄水等老化现象。最好逐瓶（袋）检查。

13. 优质栽培种菌种有哪些特征？

优良的栽培种应具备以下 5 个基本特征。

（1）长速整齐。同一品种，使用相同的培养基，在相同的条件下培养，长速和长相应基本相同。

（2）长速正常。不同种、不同品种、不同培养基、不同生长条件长速不同，但对每一个品种，在固定的培养基和培养条件下，有其固定的长速。

（3）色泽正常，上下一致。不同食用菌的菌种虽然色泽略有差异，但在天然木质纤维质的培养基上生长时，菌丝体几乎都是白色。如果污染有其他杂菌，从菌种外观可看到污染菌菌落的颜色或明显的拮抗线。

（4）菌丝丰满。优良的栽培种，不论生长中还是长满后，看起来都应菌丝丰满、浓密、粗壮、均匀。

（5）菇香味浓郁。正常的栽培种，打开瓶（袋）口，可闻到浓郁的菇香味，如果气味清淡或无香味，说明菌种有问题，不能使用。

14. 怎样简易鉴别栽培种的菌种质量？劣质菌种有哪些特征？

栽培种的质量主要看菌种的长相和活力、是否老化、有没有污染和螨害。对于购买栽培种的菇农，拿到菌种后首先看标签上的接种日期，看是否老化；如在正常菌龄内，再将菌龄与外观联系起来判断菌种质量，然后仔细观察棉塞和整个菌体，看是否有霉菌污染和螨害，最后看长相，看是否有活力。

（1）长势和活力。优质菌种外观水灵、鲜活、饱满，菌丝旺盛、整齐、均匀。这是菌丝细胞生命力强、有较强长势的表现，是品种种性优良、菌种优质的主要标志。相反，则表明该品种已老化，不宜投入生产使用。

（2）老化。老化菌种的特征是外观发干，菌丝干瘪，甚至表面出现菌皮，或有粉状物，菌体干缩，与瓶（袋）分离，还可能有黄水。

（3）污染。污染有两种情况，一是霉菌污染，二是细菌污染。霉菌污染比较易于鉴别，污染菌种的霉菌孢子几乎都是有色的，常见颜色有绿、灰绿、黑、黑褐、灰、灰褐、橘红等。有时霉菌污染后又被食用菌菌丝盖住，这种情况下仔细观察可以见到浅黄色的拮抗线。细菌则较难鉴别。细菌污染不像霉菌那样菌落长在表面，一看便知，而是分散在料内。有细菌污染的菌种外观不够白，甚至灰暗，菌丝纤细、较稀疏，不鲜活，常上下色泽不均一，上暗下白，打开瓶塞菇香味很淡。

（4）螨害。螨害主要来自培养场所的不洁，菌种培养期从瓶（袋）口向里钻，咬食菌丝。有螨危害的菌种在瓶（袋）内壁可见到微小的颗粒，小得像粉尘，菌种表面没有明显的菌膜，培养料常呈裸露状态。肉眼观察不清时可以用放大镜仔细观察。

劣质菌种表现为外观形态不正常，如表面皱缩，不平展、不舒展，长速变慢；气生菌丝雪花状、粉状、凌乱、倒伏，长势变弱；有的是气生菌丝变多、变少或没有；菌丝不是正常的白色，而是呈现微黄色、浅褐色或其他色泽，或由鲜亮变暗淡；有的分泌色素吐黄水。

15. 组织分离物可以直接作为生产种源吗？

不能，组织分离物所获得的菌种不一定就是好的品种，因为生产上作为种源使用将会数以千万倍的繁殖，而分离未经过群体一致性的检验，其种性更未经检验。即使其亲本是优良品种，但是这个分离物自身是否完全保留了亲本的优良性状，在未做全面检验和测试之前，是一无所知的。目前对食用菌菌种的某些生产性状虽可进行室内的初步鉴定，但是，作为生产上应用种源，完全靠实验室内的实验技术进行鉴定和测试还是远远不够的，对于未知性状的培养物进行出菇试验还是必不可少的。组织分离物栽培中将会有何种表现，在做出菇试验前仍是未知的。组织分离物的综合性状和质量水平会有 3 种情况：与亲本相近，但不会完全相同；优于亲本；劣于亲本。基于上述原因，组织分离得到的培养物，未经全面鉴定和测试，不能作为生产用菌种投入使用。

16. 栽培种培养基用什么更好？

栽培种培养基的种类很多，有谷粒培养基、棉籽壳培养基、木屑培养基、草料培养基等。谷粒种培养时具有不易结块、接种速度快、菌丝不易受伤、接种后菌丝萌发快等优点，但成本较高。棉籽壳培养基、木屑培养基、草料培养基长满菌丝后容易结成块状，捣碎时，菌丝容易受伤，但成本较低，原料易得。

不同食用菌种类对培养料的要求不完全相同，栽培种培养基以接近栽培生产的配方最好，以使接种后适应期短，生长速度快，可以缩短生产周期。

17. 栽培种制作中怎样才能减少污染？

栽培种制作过程中，在保证灭菌彻底的前提条件下，还要注意灭菌前后的各个环节的洁净和规范操作，才能减少污染。

栽培种瓶（袋）要整筐进锅和出锅，并加盖上防尘帘，随筐出入。整筐运输，尽量减少运输次数，以减少运输过程中的可能污染。

运输工具要清洁，凡与种瓶（袋）接触的地方都用消毒液消毒。

要格外注意洁净冷却。本来经灭菌的种瓶（袋）已经达到了无菌状态，但若忽视大环境的卫生，本已无菌的种瓶（袋）有可能再被污染，因此，冷却场所使用前要进行水清洁，切忌用扫把清洁，以减少扬尘，然后喷清水沉落空气中的灰尘，有条件还可以开紫外灯 30 分钟。

种瓶（袋）运到冷却室后不能直接放在有尘土的地面上冷却。冷却场所清洁消毒后要在地面上铺一层灭菌过的麻袋、布垫或用高锰酸钾液浸泡过的塑料薄膜。

种瓶（袋）冷却后要尽快接种，接种过程要严格无菌操作，防止操作人员自身洁净度不良或违反接种操作规范而带来的污染。

培养室使用前要像冷却室一样清洁消毒，菌种培养期间调整好温度和湿度，培养温度以低于培养菌种的菌丝生长最适 2~3℃为宜，空气相对湿度最好不高于75%。

18. 栽培种菌龄多少使用效果最好？

栽培种菌龄是自接种之日开始计算的。不同种类的食用菌栽培种生长速度不同，因此，最适菌龄也就不同。但是，不论长得快慢，都以长满后的 7 天内为使用的最佳菌龄。这一时期的菌丝分布均匀，细胞内营养物质积累充足，生命力旺盛，转接后吃料快。菌种长满后，随着培养时间的延长，菌种逐渐老化，培养基失水，菌种干缩，活力下降。因此，栽培种菌丝长满瓶（袋）后要及时使用。

 19. 怎样才能买到优质菌种？

首先要选择有固定经营场所、信誉好、服务好，经过相关部门批准、备案的，有菌种生产经营许可证的正规食用菌菌种生产单位。按《食用菌菌种管理办法》的规定，食用菌菌种生产单位和个人应当按照农业农村部《食用菌菌种生产技术规程》（NY/T 528—2010）生产，并建立菌种生产档案，载明生产地点、时间、数量、培养基配方、培养条件、菌种来源、操作人、技术负责人、检验记录、菌种流向等内容。

其次，购买者应制订栽培计划，购买原种和栽培种最好提前预订，如果大规模栽培，还应预订后分期取种，这样供种者可根据买方要求的品种、时间和数量，计划生产，保质保量地按时供应菌种，使买方在使用期菌种处于最旺盛状态。同时，买方也可减少盲目生产的浪费，避免贮藏对菌种的不良影响和不必要的支出。

 20. 怎样才能良种良法配套？

（1）计划生产，菌种预定，确保使用生命状态处于旺盛期的菌种，不使用老菌种。

（2）购买的菌种按技术要求运输，不风吹雨淋，不暴晒，不与有毒有害物混装混运，防止外界有害生物的侵袭。

（3）详细了解品种的特性，正确使用，扬长避短。

21. 食用菌母种应如何保藏？

（1）斜面冰箱保藏法。一般存放于 4℃ 保存，高温菌以 16℃ 为宜。有效期 3~6 个月。

（2）石蜡油保藏法。直立于 4℃ 冰箱或室温存放。保存期可 1~2 年。

（3）孢子保藏法。用灭菌的滤纸条吸附上孢子，放入无菌试管内，置干燥器内 2~3 天吸干水分，再改用胶塞。在冰箱或室温内可保存多年。

（4）菌丝球保藏法。液体培养至对数生长期的菌丝球 4~5 个，移入装有灭菌的生理盐水、蒸馏水、营养液等试管内，胶塞封口，4℃或室温可保存 1~2 年。

（5）液氮保藏法。刮下菌丝体成悬浮液或孢子液，注入灭菌安瓿管，保护剂为 10%甘油蒸馏水或 10%二甲基亚砜蒸馏水，熔封管口，置液氮冷冻器内，每分钟降 1℃，1 小时内使其温度降至−35℃，其后迅速降至−150℃、−196℃保存。保存期可超过 10 年。

（6）自然基质保藏法。此法多用于原种保藏。在一些欠缺设备的地区，也可作母种保藏。

22. 食用菌菌种退化的具体表现是什么？

食用菌菌种退化是由于菌丝体的遗传物质发生了变异而造成的。表现为菌种突然或逐渐丧失原有的生活力、丰产性能或部分子实体的形态改变。菌丝体生长缓慢，在培养基上出现浓密的白色扇形菌落，对环境条件如温度、酸碱度、二氧化碳、氧气、杂菌等抵抗力弱，子实体形成期提前或推后，出菇潮次不明显等。

23. 如何防止食用菌菌种退化？

（1）保证菌种的纯培养。不用被杂菌污染的菌种，不要用同一食用菌种类的不同菌株混合或近距离相连接培养。

（2）严格控制菌种传代次数，减少机械损伤，保证菌种活力。

（3）适当低温保存菌种。低温型菌种在 4℃保存，高温型菌种在 16℃下保存，有利于保持菌丝体的活力。

（4）避免在单一培养基中多次传代。控制扩繁代次，母种、原种、生产种使用不同类型的培养基，有利于提高菌种活力和保持优良性状。

（5）菌种不宜过长时间使用，超龄菌种会出现老化，而老化与退化是有机相连的，生活力弱的菌种很容易出现退化。

（6）菌种要定期进行复壮，在适宜的温度、合适的酸碱度、充足的氧量、适当漫射光、无杂菌培养等条件下进行。

（7）每年进行孢子分离，以有性繁殖来发现优良菌株，以组织分离来巩固优良菌株的遗传特性。

24. 如何进行菌种复壮？

（1）菌丝尖端分离。挑取健壮菌丝体的顶端部分，进行纯化培养，使菌种恢复原有的生活力和优良种性。

（2）适当更换培养基。菌种继代培养中，经常改变培养基成分，适当添加酵母膏、维生素等物质，刺激菌丝生长，提高菌种活力。

（3）进行分离复壮。从栽培的群体中，找出尚未衰退的个体，通过组织分离获得菌种，进行提纯复壮。

（4）定期进行菌种分离。对生产中应用的菌种，每1~2年分离1次。

不管采用何种方法，得到的菌种只有经过出菇检验证明其性状优良后，才能在生产上应用。

第三节 产地环境与设施

 25. 两场制有什么优点？

两场制是指食用菌的发菌和出菇在不同场地进行的生产方式。优点体现在两个方面：一方面是菌袋菌龄和发育阶段比较一致，便于管理，利于创造各阶段生长发育的环境条件，获得高产稳产；另一方面是分段生产利于病虫害的预防，保证食品安全。

 26. 食用菌栽培场地选择要注意什么？

栽培食用菌的场地选择要注意以下3点：一是要给排水方便，有生活饮用水源，排水畅通，不低洼，雨季不积水。二是要远离扬尘和有害生物滋生场所，如水泥厂、垃圾场、粪便堆放场、各类养殖场。扬尘严重的场地会导致菇体不洁，达不到卫生标准，垃圾场、粪便堆放场和养殖场存在多种危害食用菌的霉菌和害虫，特别是难以控制危害的螨类，大大增加了食用菌生产风险。三是要远离农药用得多的作物栽培场所，以防止外源农药的污染。

27. 种过蔬菜的大棚能种食用菌吗？

可以种植。但是，种植前需要对蔬菜大棚进行清洁、整理，搞好大棚内的环境卫生，然后进行消毒和灭虫。蔬菜靠光合作用生长，所以设计的大棚采光性能好，而栽培食用菌就需要做相应的改造。食用菌喜阴喜湿，需要增加遮阴和保湿设施，如棚内吊挂遮阳网，棚外加盖临时遮阴层。施用有机肥较多的蔬菜大棚，使用前要特别注意螨虫和跳虫的防治。

28. 食用菌专用大棚建造要注意什么？

食用菌专用大棚建造要充分考虑食用菌喜阴喜湿、少光好气的特点。各地气候条件不同，食用菌的栽培季节也不同，要根据当地的气候特点设计和建造。原则上要注意以下4点：一是要保温保湿和通风性能良好。二是建造方向要顺应当地栽培季节的主要风向，以利通风换气。要前后通风，形成对流，通风口不可一面有一面无，并备好不通风时通风口的封闭材料，通风口安装防虫网防虫进入。三是棚内外预留吊挂遮阴层的装置。四是面积不可过大，以利病虫害的控制。

29. 大棚使用前要做哪些处理？

大棚使用前的处理非常重要。处理是否得当关系栽培的成败，是病虫害综合防治的重要和关键环节。大棚使用前首先要清除杂物，平整土地，需要灌水的要灌水，待水渗下表面干燥可以操作后，进行消毒和灭虫。首次用于栽培食用菌的棚清洁和平整土地之后，进行一次灭虫处理，具体方法可用5%氟虫腈（锐劲特）1 000倍液喷雾，喷至地面和墙壁潮湿即可，然后密闭72小时，最后在地面撒一薄层石灰粉即可达到消毒目的。如果是连年使用的菇棚，就需要连续灭虫2次，两次之间间隔3天。除地面撒石灰外，墙壁还要用石灰浆、波尔多液或石硫合剂喷涂，有条件的可通入蒸汽进行高温高湿杀菌灭虫。

30. 大棚使用后有必要再做处理吗？

食用菌出菇棚在每一个栽培季节完成后，必须要进行消毒和灭虫处理，因为食用菌生长于开放环境，会有多种杂菌和虫害的发生，棚内小环境自然就积累了多种有害生物。简便易行安全有效的处理程序和方法如下。

（1）揭棚暴晒。这是大棚用后处理的第一步。揭棚暴晒可以一方面使棚内有害生物随风扩散，种群密度变小；另一方面，干燥和紫外线可以杀灭霉菌等主要危害食用菌的杂菌，也可使一些昆虫的卵干燥而死。有条件的情况下，出菇（耳）结束后，马上清棚，清扫完毕后，马上揭棚晾晒，直至晒到下茬使用。

（2）用石灰水喷洒或涂抹。石灰是强碱性物质，对危害食用菌的多种霉菌具有很好的杀灭和抑制作用，而且属于非化学合成物质，环境友好。病害严重的可密闭硫黄熏蒸。

（3）更换表层土。连年栽培数茬的大棚，地面会积累较多的有害生物和有害物质，影响下茬食用菌的生长，特别是发酵料半开放栽培的种类。挖掉10~15cm深的表土，更换干净的新土，对于减少下茬病虫害的发生有显著效果。

（4）杀虫。病虫害发生严重的大棚，清棚前要密闭杀虫。具体方法可以使用5%氟虫腈（锐劲特）1 000倍液喷雾，喷雾量为1.5~2.0g/100m^2，特别要注意缝隙、墙角等药物的喷洒，保证灭虫无死角。喷药后密闭3天后将废料运出。有必要的可以进行二次灭虫。

31. 山洞、土洞适于栽培哪些食用菌？

山洞、土洞周年温度基本恒定，如能解决通风、运输、照明、供水等问题，是栽培食用菌的好场所。一般来说，不同地区的山洞、土洞情况不同，相对温度较高的（16~22℃），适于栽培鸡腿菇、大球盖菇等；相对温度较低的（低于16℃），适宜栽培金针菇、滑菇、双孢蘑菇等。由于山洞、土洞温差不大，因此不宜栽培出菇需要较大温差刺激的种类，如香菇、白灵菇等。

32. 菇架每季用完后需要消毒吗？怎样消毒？

菇房和菇架每季用完后都要消毒。老菇房的菇架、地面、墙面的空隙等能隐藏大量的病原菌和杂菌的孢子，当新料进房，温湿度适宜时，这些孢子就会萌发，形成新的侵染源和污染源，在下季造成危害。菇架消毒常采用如下方法。

（1）暴晒。废料清出后，将菇房彻底打扫干净，能够拆除的物件全部移出室外，先用清水清洗，然后在阳光下暴晒，或用0.1%高锰酸钾溶液浸泡半天后再晒干。清洁后的菇房要打开门窗，充分通风换气和干燥。

（2）喷石灰水。通风后，在墙壁、床架立柱和屋顶涂一层石灰浆或石灰水，地面撒一次石灰粉或喷洒石灰水。

（3）如果在上一个栽培季节出现严重的病虫害，废料清出前用5%氟虫腈（锐劲特）1 000倍液喷雾，喷雾量为1.5~2.0g/100m^2，进行一次灭虫，喷洒密闭72小时后，再行清除。废料清出后再进行菇架的拆除清洗，然后进行二次灭虫。

33. 连年使用的菇房应注意什么？

连年使用的菇房要每个栽培季节完成以后都要进行消毒和灭虫。连续使用3年以上的菇房都要进行二次消毒和灭虫，而且用药剂量要适量加大。

第四节　培养料

34. 什么可以作为食用菌的培养料？

原则上，凡不含有毒有害物质和特殊异味的农林副产品都可以作为食用菌栽培的培养料，一些富含木质纤维素的野生材料也可作为培养料。农副产品如稻草、麦秸、玉米芯、玉米秸、高粱秸、棉籽壳、废棉、棉秸、豆秸、花生秸、花生壳、甘蔗渣、麦麸、稻糠、高粱壳、果园剪枝枝条、玉米皮、豆饼、花生饼、油菜饼、芝麻饼、棉仁饼等；林业副产品如树枝、树杈、树墩、树根、刨花、木屑等；野生材料有类芦、象草、皇竹草等。另外，轻工业生产的副产品也可以作为食用菌栽培的培养料，如糠醛渣、酒糟、醋糟、废纸浆等。

35. 什么叫主料？

主料就是占栽培基质比例大的原料，这类原料主要为食用菌提供碳素营养，如木屑、棉籽壳、各类作物秸秆皮壳等。

36. 什么叫辅料？

辅料是指栽培基质组成中配量较少、含氮量较高、用来提高栽培基质中氮含量的物质，如稻糠、麦麸、各种饼肥、禽畜粪、大豆粉、玉米粉等。

37. 什么叫化学添加剂，使用中要注意什么？

为补充食用菌栽培基质的氮、钙、磷、钾、硫等，加入培养料中的化学合成物质或者天然物质统称为添加剂。经验证明，安全的添加剂有尿素、硫酸铵、碳酸氢铵、石灰氮（氰氨化钙）、磷酸氢二钾、磷酸二氢钾、石灰、石膏、碳酸钙等。其中，石灰氮（氰氨化钙）、石灰、石膏、碳酸钙是由天然矿石经物理方法生产的天然材料，其他种类则是化学方法制造合成的物质。除这些种类外，在生产实践中有人使用氮磷钾复合肥、钙镁磷肥、钙磷复合肥等复合型化肥作添加剂，但是由于这些肥料常伴有一定含量的铅、镉等重金属，作为绿色植物复合肥使用虽然没有显著的质量安全问题，但是用作食用菌栽培基质的添加剂常会导致产品的重金属超标。因此，建议不要使用这些复合肥料作添加剂。

 38. 基质的安全质量要求都有什么？

基质安全质量的要求包括水、主料、辅料和添加剂四类，双孢蘑菇、鸡腿菇等还包括对土的要求。

要使用符合生活饮用水标准的水，工业废水、污水、河水、河塘水都不可使用。有的山区没有自来水，但是，当地的山泉水非常干净，经有关部门检验符合生活饮用水标准，是可以使用的。

主料不可使用樟、苦楝等含有有害物质树种的木屑；主料和辅料都不能使用产自污染农田的材料。

添加剂要尽可能少地使用，切勿过多。必须使用时一定要成分清楚，做到不使用成分不明的混合添加剂、植物生长调节剂和抗生素。

双孢蘑菇、鸡腿蘑出菇需要覆土，不能从污染农田取土作覆土材料。

 39. 培养料成分和配方对食用菌生长有什么影响？

主料主要分为木本材料和草本材料两大类，适用于不同的栽培种类，材料使用不对就不能获得应有的效益。要根据栽培种类选择主料。

培养料配方对出菇（耳）的早晚、产量和污染的发生产生重要影响。配方中麦麸、米糠、饼肥、玉米粉、氮肥等添加过多时，发菌虽然加快，但是出菇会推迟，严重时甚至不出菇。氮源过多时还容易导致菌丝生长过旺而形成菌被，出畸形菇。另外，氮源过多，栽培袋的污染率会大大增加，因为大多数霉菌生长需要较高的氮含量。可见，配方中并非营养越丰富越好，而是要营养均衡。

 40. 针叶树的木屑能用吗？

我国针叶树的木屑占有很大比例，针叶树由于含有一定量松油类物质，多数食用菌不能利用。但是经过较长时期的发酵，这些物质可以被分解，就可用作食用菌栽培。

41. 木屑和秸秆可以互换吗？

必须以木屑为主料的才能形成固有风味和品质的种类，如香菇、木耳不可以完全以秸秆置换木屑，但在原料不足时可以小部分互换，但是，加入一定量的秸秆类原料后，菇（耳）的风味会变淡，质地会变疏松。对于其他种类，草本类主料之间可以按一定比例互换，互换时要注意有的秸秆类材料有一定的蜡质化、中空或有髓质，吸水量不易把握，要定量加水，避免加水过多。

42. 怎样处理栽培后的废料？

食用菌产后废料含有丰富的蛋白质、多糖、维生素和多种植物营养源，科学处理将成为二次种菇的良好原料或生物有机肥或饲料。但是，食用菌生长的过程中也有多种其他生物侵染基质，随着食用菌生长周期的延长，这些有害生物种群在基质中不断增加。特别是当栽培结束时，菌体的抗性大幅下降，这些有害生物的繁殖更为迅速，产后废料如果不及时妥善处理，将会为以后的生产带来极大的隐患，轻则造成环境污染，影响以后种菇的产量和质量，重则导致病虫害大量蔓延与危害，造成严重减产，甚至绝收。

很多食用菌产后废料都可以再利用，进行二次种菇。这样可以有效地降低原料成本，获得更好的经济效益。如草菇、平菇、香菇、木耳、双孢蘑菇等废料，只要菌丝生长较好，培养料未被杂菌污染，晒干粉碎后可添加到新料中。

废料易于粉碎，气味芳香，适口性好，含有大量的菌体蛋白，提高了营养价值，可以作为优质饲料用来饲养猪、牛、鸡等畜禽。

种菇后的各种原料是一种优质的有机菌肥。在农田施用培养料残渣，不但可提高土壤肥力，还有助于改善土壤理化性状，促进土壤团粒结构的形成，增强土壤持水力和通透性。代谢产物中的有机酸类等物质还能刺激根际固氮微生物的生长，有些代谢产物则对有害微生物的生长有抑制作用，是一种很理想的"菌肥"。

此外，出菇后的菌棒还可作为菇棚的加温燃料以及灭菌燃料。

43. 堆料中要注意什么？

第一，要充分预湿。预湿最好采用浸泡的方法。稻草浸泡 8 小时以上，麦草浸泡 12 小时以上，使草料充分吸水，以利于建堆后迅速升温。

第二，禽畜粪要注意灭虫灭螨。

第三，要注意翻堆，每次翻堆要把外围生料和中间熟料调换位置，使培养料通过翻堆而达到腐熟一致，也就是常说的"生料放中间，熟料放两边，中间的放两头，两头的放中间"。同时翻堆要把草料充分抖散，使草和粪充分混合。

第四，进料前不能有氨味。

第五，发酵好的培养料要及时进棚，堆制过久，培养料产生游离氨，会杀伤菌丝。同时若持续较高的料温，会使培养料的养分大量消耗。

第五节 栽培管理

44. 野生菌都可以栽培吗？

地球上已知可以食用的大型真菌有 2 000 多种，其中能够进行人工栽培的有 100 多种，大规模商业化栽培的有 60 个左右。野生菌常常与植物、动物或微生物形成复杂和专一性的共生或寄生关系，而在人工栽培中还不能提供相应的营养环境和子实体分化刺激因子，导致野生菌中分离的菌丝不能形成子实体，甚至部分野生菌的菌丝体在人工培养基上不能生长，因此，野生菌绝大部分都是不能人工栽培的。当然，随着科学的发展，对野生菌的生理生态特性的认识将会不断深入，会有越来越多美味的野生菌被人工驯化和栽培。

45. 食用菌是怎样栽培出来的？

与作物不同，食用菌栽培用的是培养料，这些培养料绝大多数都是人类不能作为食物直接食用的木质纤维素类的农林副产品，如秸秆、木屑和畜禽粪便等。

食用菌虽然种类很多，但是栽培程序基本是一样的，即培养料制备→灭菌或发酵→接种→发菌（覆土有或无）→出菇（耳）→收获。有的种类只出一茬，有的可以出几茬。

栽培食用菌的方法主要有生料栽培、发酵料栽培和熟料栽培。

生料栽培就是将培养料加水搅拌均匀后不再灭菌或发酵而直接接种，然后在适宜环境条件下发菌出菇。

发酵料栽培是将各种原料拌匀后，按一定规格要求建堆，堆积发酵，当堆温达一定要求后，进行翻堆，一般要翻 3~5 次，然后在自然条件下接种，在适宜环境条件下发菌出菇。凡可生料栽培的种类都可进行发酵料栽培。

熟料栽培是指将培养料装入一定大小的容器，然后进行常压或高压灭菌，将培养料内的生物全部杀死。冷却后经无菌操作接种，然后在适宜环境条件下发菌出菇。

 46. 如何选择适宜的栽培季节和场所?

食用菌品种繁多，按各品种的出菇温度特点划分有低温型、中温型、高温型和广温型品种。低温型品种出菇温度为 5~25℃，中温型品种出菇温度为 15~28℃，高温型品种出菇温度为 18~35℃，广温型品种出菇温度为 5~35℃，但大多数品种的发菌温度均为 15~25℃。按照不同品种的出菇温度选择出菇季节，是确保相应品种能正常出菇的前提。

食用菌发菌生长期都需要避光，选择有遮光的阴凉场所，同时具备交通方便、地势开阔、通风透气、水源干净的地块是食用菌栽培的最好场地。

 47. 什么是林下栽培技术?

林木生长过程中，存在一定的资源闲置、前期投入大、生长周期长、见效慢、利用率低等问题。林下环境湿度大，郁闭度高，适合食用菌的生长和繁殖，林木修剪产生的木屑和树枝等废弃物可作为食用菌栽培原料，而食用菌生长能够利用林下闲置土地，同时促进林木的良好生长，食用菌菌渣就地还林，可以为林木提供有机肥。因此发展林下食用菌栽培不仅能够实现生长空间互补，而且在光、气、水、温等因素的利用上互补互惠、循环相生、协调发展，体现"以林养菌、以菌促林"的良性循环。

 48. 林下栽培技术如何选择林地及菌种?

主要选择交通方便、水源充足、排水良好、土壤肥沃，坡度较小，一般要小于 25°，郁闭度一般在 0.7 的林地。种植前最好要用石灰对土壤进行消毒。

林下食用菌要根据当地土壤情况与天气因素选择适合的菌类，如果无法确定，可以小面积试种筛选适合种植的菌类，在不影响原有树林地貌的同时，开展相关的菌类种植，需要注意的是在种植过程中要注重与其他作物或已有植物相和谐。

 49. 林下食用菌栽培模式有哪些?

（1）林间露地栽培。林间露地栽培指在原有的林地基础上利用树木之间的间隔空间，在保障不破坏原有生态结构的基础上，进行菌类的种植。在种植过程中为了防止污染，可在地表铺盖一层膜后进行种植，也可以采用搭建暖棚的方式进行种植。

（2）林下覆土栽培。林下覆土栽培是通过将菌包种植于土壤下，使其自然发育生长。各菌包之间要保持适当的距离，从而保障其正常生长发育。在完成播种任务后需进行浇水作业，同样，为更好控制其湿度与温度的变化，可在土壤上搭建暖棚或覆盖塑料膜。

（3）林下播种栽培。林下播种栽培对土壤面积需求大，要由农户开垦专项的土壤田床，将菌种直接铺撒于田床上进行种植。林下播种栽培要根据当地的气候、湿度、温度等客观因素，选择生料或发酵料进行播种，播种后要在田床内铺设一定厚度的土壤，模拟菌类的原有生长环境。

（4）林间吊袋栽培。林间吊袋栽培主要是利用树木间的距离使用尼龙绳捆线打结的方式，将菌种置于小袋内，利用立体的空间开展种植。

50. 培养料含水量掌握在多少适宜？

食用菌培养料不仅需要丰富的营养，也需要适宜的水分。大多数品种的培养料中适宜的含水量为60%~65%，拌料时干料与水分的比例为1：（1.2~1.3）。检测培养料中含水量的方法是：用手紧握住拌匀的培养料，手指间无水滴下落，松开后手掌间潮湿即说明培养料中水分适宜。如果培养料中水分偏少，菌丝难以萌发，发菌速度较慢，基质中的营养难以吸收和转化；如果培养料中水分偏多，培养料中缺氧，会抑制菌丝生长，同时也易引发细菌性的杂菌导致菌袋报废。当料中水分偏多时，可掺入一些干料吸收多余的水分，如水分偏少时可在料中洒水以增加水分。另外，高温季节接种时，为了减轻霉菌的污染，可以适当降低含水量，出菇期再适当补水。

51. 栽培袋大小与产量关系大不大？

在香菇、平菇和木耳等木腐菌栽培过程中，均以袋式栽培的方式长菇。栽培袋口径大，栽培料装得多些，营养丰富，出菇多，转潮间歇期短，总体产量高，这说明栽培袋的大小与产量是有关系的。但是由于栽培的品种不同，菌株对营养的吸收分解的速度不相同，袋子大小不同时培养料中存留的氧气量也不同，这都影响发菌速度和菇体的产量，所以栽培袋的大小应根据品种确定。

52. 栽培种用量越大产量就越高吗？

栽培种用于接种栽培出菇袋，用种量多对菌袋培养基的覆盖面大，发菌快，可以控制杂菌污染和有效地缩短发菌时间，提早出菇。但是菌种不能作为培养基使用，所以与产量的提高没有关系，也就是说不存在栽培种用量越大产量就越高的说法。用种量过大还会出现菌袋的污染，如接种时种子的菌丝被打断，被堆积在出菇袋内，菌种受伤后呼吸强烈，产生很高的热量，分泌出很多的水分，但不能及时散发出去，容易引起烧菌和死亡现象，死亡的菌丝被杂菌侵染后又感染上新菌袋，造成新菌袋报废。另外，菌种的菌丝菌龄比新接种的菌丝长30多天，容易在菌袋内出菇，影响菌袋的正常发菌。因此，接种时用种量应以覆盖培养面为宜，不应过量用种。

53. 播种（接种）要注意什么？

生料栽培中，菌种多以麦粒、棉籽壳的基质为主，在播种时要注意几个操作要点：一是挖出菌种时要小心，不能把菌种捣得太碎，菌丝受伤后易污染失去活力。二是在床面撒播菌种时要抖入料中部，在料中部易于保水和萌发。三是在低温中播种要适当增加种量，缩短发菌时间，早日发满菌床。四是在高温时期，播种量适当减少，防止产生高温而引起烧菌现象。熟料栽培中，接种时要注意防止杂菌进入菌袋引发污染，在菌袋出锅后及时放入干净的房内冷却，接种箱内用消毒剂消毒后进行接种，接种速度要快，接种量以覆盖培养料面为宜，瓶口或袋口要塞上棉塞，湿棉塞要及时调换，防止引起菌袋污染。

54. 发菌期要注意什么？

为使菌袋正常发菌，菌袋在发菌期间要给予较好的环境条件，注意以下几个要点：一是调节好发菌温度，同时有条件的地方要注意恒温控制，防止温差过大，加大袋内空气流通而引发杂菌污染。二是调节发菌房的空气湿度，控制房内湿度为55%~65%。三是在发菌期间应有排风扇定时在发菌房内通气换风，确保菇房氧量充足。四是发菌袋要排放整齐，接种口朝上，要待菌种萌发吃料后才可横卧重叠发菌。五是接种3天后要开始检查菌种的萌发和污染情况，有污染的菌袋要及时清除，不能留在发菌房，以免污染环境，增加污染数。

55. 发菌完成后出菇前要注意什么？

食用菌按出菇时间的早晚分为早熟、中熟、晚熟型。早熟型品种在发菌完成后容易出菇，因此当菇蕾出现时就要及时开袋出菇，防止菇蕾在袋内受挤压而变形。中熟型品种有一段后熟期，发菌完成后静置一段时间，等原基出来后再开袋出菇。晚熟型的品种后熟时间可达 60 天左右，也应等待原基出现时开袋出菇。对于要变温出菇的品种，需经温差刺激后开袋出菇。

 56. 怎样喷水才科学？

食用菌在出菇过程中，菇体中含有 90% 以上的水分来自基质的供应。因此，栽培中要不断地给基质和栽培房的空间提供水分，一般在出菇期，菇房的空气湿度保持为 85%～95%。由于不同品种特性不同、需水的方式和对水分的需求量也不尽相同，菇房内喷水的方式也就不同。如对香菇菌棒喷水时，除经常往菇棚的空间喷水外，还要往菌棒内注水或浸泡，才能软化菌棒表皮层，使菇蕾突破菌皮而长出。在草腐菌出菇过程中，喷水的多少是以覆土层的水分含量为依据的。出菇期间，菇床上菇多，生长快时，要勤喷和多喷，保持土粒湿润但不黏糊，空气湿度保持 90% 以上。菇潮过后，菌丝恢复期，宜少喷水或不喷水。喷水后都应给予足够的通风，以防菇体吸水过多窒息而死。

 57. 怎样才能第一潮菇产量高并且出得整齐？

要想让第一潮菇产量高并且出得整齐，必须从发菌期做起，其一每个菌包或菇床的培养基播种量要一致，其二发菌期的温度要一致，使发菌速度整齐一致，其三发菌期不见光培养，防止光的诱导引起陆续出菇。同时在发菌完成后，有条件时可以以适当的低温刺激菌包，促进菌包菌丝由营养生长向生殖生长阶段转化，菌包经低温处理后恢复至适宜的出菇温度，经一致性的管理措施后，菇体就容易高产和整齐地长出。

 58. 食用菌出菇后，如何提高菇的产量？

（1）注意保温，创造适宜的出菇条件。
（2）注意补水。喷水的原则是：喷雾状水，菇多时多喷，菇少时少喷，蕾期多喷，采收期少喷。蘑菇在冬季基本不需要进行补水。
（3）注意通风。菇蕾发生后，呼吸旺盛，如果空气不流通，二氧化碳沉积过多，会抑制子实体的形成与生长。
（4）注意追肥。

 59. 补水应注意什么？

在食用菌栽培中，水分起着为菌丝和菇体提供营养的作用，是决定产量高低和快速转潮的重要因素。大多数品种的培养料中适宜的含水量为 60%～

65%，在出菇过程中培养料和空间的水分都逐渐减少，需要及时补充水分。在对菌袋的培养基补水时应当注意几个要点：一是补水分量，当第一潮菇采收后，基质营养丰富，基质中水分含量还较高时，补水量宜少些；当长过第二潮菇后，基质营养减少，基质中的水分也降低了，补水量就可多些，菌袋浸泡水的时间就可长一些。二是补水时应用清洁干净的河水或地下水，不宜使用地表的塘水和沟水，防止杂菌和害虫携带入基质中，引发病虫危害。三是补水时注意温度变化，当温度高于20℃时，补水量应少或用浇水方式补充水分，当温度低于20℃时，补水量可适当增加一些。

60. 食用菌营养液的添加方法有哪些？

通常采用的方法有3种：喷施、浸泡和灌穴。

（1）喷施。用于子实体大量出现时期。喷施时注意喷头不要正对着子实体。同时注意"四不喷"：幼小菇蕾不喷；刚采过菇或有菇残体处不喷；空气湿度过大时不喷；菇棚（房）内病虫害严重时不喷。

（2）浸泡。主要用于袋栽或块栽。在收完1~2潮菇后，若栽培袋（块）呈严重缺水状态，把袋或块放在配好的营养液中浸泡，直到恢复到接近原重为止。

（3）灌穴。主要用于菌床上。当菌床出菇较多，养分消耗过大时采用。

61. 如何添加食用菌营养液才能高产高效？

（1）选择合适的添加方式。

（2）浓度要适当。营养液浓度过高，不仅菌丝吸收困难，而且会妨碍菌丝生长；浓度过低，生理效应不明显，达不到高产高效的目的。在适宜的浓度下，添加时要视料内湿度情况而定。若培养料湿度较大，要加大营养液的浓度，减少用水量，添加后加大通风。反之，则要降低营养液的浓度，增加用水量。

（3）营养液忌单一。应经常交替使用多种营养液，这样可使子实体生长所需营养全面合理，子实体发育良好。如果用激素刺激食用菌生长，则应在补充营养液后再另外添加。

（4）要注意环境变化。当气温达20℃时，菇类菌丝难以形成优质子实体（高温型除外），原则上不添加营养液。若培养料已被杂菌污染，必须先去除杂菌后再补充营养液。为了防止杂菌污染，也可在添加营养液的同时，加入一定量的抑菌剂，防止杂菌滋生蔓延。

62. 出菇期间补营养液好吗?

食用菌菌丝体和菇体生长都需要丰富的营养,在出菇过程中菌丝体的营养转化到子实体当中,出菇量越大,菌丝体营养损耗越大,第一潮菇后培养料中的碳、氮等营养明显下降,适当地补充营养液能够保证下一潮菇的产量和快速转潮。但是补充营养液需要注意以下几点。

(1) 不同情况分别对待。要根据栽培的品种和菌丝的生长状况来决定是否补充营养液,补充时温度不宜超过 20℃;蘑菇出二潮菇后营养下降可以适当补充些营养液。营养液可以结合补水同时加入。

(2) 营养液的选择要恰当、浓度要适当。蘑菇可施用磷酸二氢钾、硫酸镁、葡萄糖等速效性肥,使用浓度为 5‰左右,每平方米每次用量约 0.5kg。

(3) 防止污染。由于添加营养液后菌袋或者菇床的营养含量提高,使食用菌菌丝生长健壮的同时也会助长一些有害杂菌,因此需要密切观察及时防治。

63. 覆土材料应具备哪些特点?

覆土材料的优劣决定着出菇的时间、产量以及菇体的质量。为保证出菇的产量和质量,覆土材料必须具备以下几个特点。

(1) 土壤清洁无污染。应选用没有被污染的稻田土、山林土、河泥土或泥炭土,土中不能含有施用过的有机肥和病原菌。

(2) 土壤粒度大小合适、疏松透气。选用稻田土时要注意土质的通气性,以利于菌丝生长。

(3) 土质应具有较好的吸水和保水能力。泥炭土疏松、透气、吸水性好,有泥炭土资源的地区宜采用泥炭土;沙质土易于通气,但保水性较差,不宜使用;红壤土黏性强,保水性好,但通气性差,可以在红壤土中掺入 10%的砻糠,以增加透气性。

64. 覆土应该注意什么?

(1) 覆土要及时。覆土材料在播种后即要着手准备。覆土时间一般在播种后的 15~20 天,当菌丝已深入到培养料的 2/3,相邻的接种穴之间蔓延的菌丝已开始连接时,即要覆粗土。粗土中有菌丝走上来时即要覆细土。

(2) 覆土厚度要适中。整个覆土层厚度 2.5~3.5cm,过厚容易出现畸形菇和土内菇。但也不宜过薄,太薄容易出现长脚菇和薄皮菇。其中粗土以土粒相互重叠不使菌丝裸露为度，不宜太厚，然后用木板轻轻拍平，加上细土厚度不超过4cm。

（3）覆土材料含水量合适。整个过程中都要保证覆土材料的含水量适当，以完全湿透又不粘手为宜，如果过干则需要及时加湿，过湿容易造成菌丝走土慢甚至退化、腐烂。

（4）防止覆土材料中带有病虫源。覆土材料预湿时可以在水中加入1 000倍液的杀菌剂菇丰或福尔马林和杀虫剂菇净进行杂菌、害虫的消毒处理，消毒后闷堆5~7天后使用。

65. 为何会出现菌棒烂棒现象？

（1）培养料配比不合理，拌料不均匀，尿素、过磷酸钙、石膏、石灰等添加物超量。

（2）培养室长时间通气不良，二氧化碳浓度高，氧气不足。

（3）培养室长时间温度过高，超出了菌菇适宜生长温度范围。

（4）阳光直射菌棒，强烈的紫外线烧伤菌袋内的菌丝，菌棒局部出现黄水，菌棒上淤积黄水过多，影响通气，极易造成杂菌感染。

（5）出菇生产环境空气湿度过高，给菌棒补水时水温过高，补水过多，高温闷热天气通风不良等原因导致菌棒烂棒。

（6）采菇后没有及时清理菇根，或采菇时带下大块培养料造成菌丝受伤等原因，喷水后极易滋生霉菌导致菌棒烂棒。

（7）虫害伤害。

（8）一些品种种植多年，种性退化，菌丝生命力减弱，抗杂菌入侵能力下降，竞争性杂菌就能乘虚而入，引起菌棒腐烂。

66. 食用菌为什么不出菇？

（1）菌种选用不当。

（2）菌丝发育不成熟。菌丝接种到培养基上，当发育到生理成熟时才能形成子实体。菌龄的长短受种性制约和环境条件影响，且温度是影响菌丝生理成熟的关键。

（3）播种期不适宜。

（4）菌种退化和制种不规范。由于菌种传代次数过多、过频，或保存不当、保存时间过长，或制作菌种时温度过高等，都会导致菌种优良性状逐渐退化。若使用已退化的菌种，菌丝萌发迟，发菌慢，菌丝抗逆性差，最终不出菇或出菇很少。制种不规范，将原种再扩制成原种，或将栽培种再扩制成栽培种时，这样的菌种在生产上表现迟迟不出菇。

（5）病虫危害。

 67. 如何预防食用菌不出菇?

（1）根据当地气候条件和栽培季节选用适宜的品种。

（2）将菌袋置于适宜温度条件下继续培养，或把菌袋堆积起来，覆盖薄膜提高堆温，促使菌丝发育。

（3）根据当地气候特点，选择适宜的播种期。

（4）生产菌种要严格控制传代次数，一般要控制在 4 次以内。菌种厂要有生产菌种的基本设施及保存菌种的条件。不允许原种再扩制原种，栽培种再次扩制栽培种。栽培者购买菌种时，要问清品种名称、特性，并挑选生长整齐健壮的适龄菌种，不用退化菌种和老化菌种。自己生产菌种时，要根据栽培时间，计算好菌种生长时间，以免菌种过久存放。

（5）保持菇房及周围环境卫生，认真做好消毒工作，杜绝病虫侵入，平时注意检查，一旦发现病虫害应立即进行防治，争取早发现、早防治，把病虫害消灭在初期。

 68. 发好菌迟迟不出菇怎么办?

造成菌丝发好后迟迟不出菇的原因有很多，可以从以下几个方面逐一排查，寻找具体原因，找出解决问题的方法。

（1）了解菌株特性和质量。若菌株退化、出菇能力弱，稍受外界因素影响就会迟迟不出菇、减产甚至绝收。另外，要考虑食用菌品种的特性，早熟型的在发菌完成后即可以开袋出菇，中熟型和后熟型品种有一段后熟期，需静置一段时间，等原基出来后方可开袋出菇。

（2）品种对温度的敏感性。有些品种需要一定的温差刺激或者搔菌刺激。

（3）氧气。食用菌菇房内要有适宜的氧气含量，氧气含量太低不利于子实体的生长，容易造成不出菇或者畸形菇现象。必要时在菇房安装上排气扇，定时换风，促使出菇。

 69. 出一潮菇后迟迟不出下潮菇是怎么回事?

由于菌丝体到子实体转化需要一个过程，大多数食用菌出菇的特点是多潮次、分批次出菇。环境适宜、菌袋营养有保证的情况下转潮会快，下潮菇的产量也会高，如果下潮菇迟迟不出需要从以下几点来考虑。

（1）温、湿度是否适宜。根据所种植品种的温性，确定菇房温度。温度过高或过低都不利于转潮和出菇。菇潮间隔期要保持菇棚的湿度在85%，防止菌袋失水，如果菌袋含水量低于50%要及时补水。

（2）基质营养是否充分。如果第一潮菇产量较高，菌丝营养消耗太大，也会导致二潮菇推迟或无能力出菇。

（3）季节转化后，品种不适应而停止出菇。有的品种在季节交换之际出了一潮菇，但随之而来的高温或低温季节，中断了下潮菇的生长。

（4）病虫危害是否影响下一潮菇生长。检查菌袋或菌床有无被杂菌感染或者虫害严重，菌丝被食尽导致无菇可长。

70. 为什么会出现死菇的现象？

（1）温度过高。当菇蕾形成和生长时，菇棚（房）的温度突然升高或连续数天在20℃以上，再加上通气不良，菇蕾就会萎缩变黄，最后死亡。

（2）菇棚（房）通气不良。冬季菇农为保持菇棚（房）温度，常将菇棚（房）关闭严密，而忽略通气。也可能由于菇棚（房）过大，周围虽有通气孔，但通气不均匀，菇棚（房）内外气体不能交换，菇棚（房）内供气不足，菇蕾或幼菇得不到充足的氧气而窒息死亡。

（3）用水不当。在幼菇生长期间，直接向菇床及菇体上喷水，使菇棚（房）内湿度过大，若菇棚（房）通气不良，使菇体上的积水不能及时散发，而在菇体表面形成水膜，不能及时排除而涝死，或诱发细菌病害，使幼菇腐烂死亡。菌筒或覆土层缺水，幼菇得不到足够水分而枯死。也可能在菇棚（房）温度高时，直接向菇体喷水，菇蕾突然受刺激而死。

（4）出菇过密。

71. 如何预防出现死菇？

（1）密切注意气温变化，及时调节好菇棚（房）的温度。

（2）注意菇棚（房）通气，每天通气1~2次，气温高时可在早上或晚上通气，气温低时可在中午前后通气，通气时间可适当短些。有风天，只开背风的通气孔，而无风的晴天，通气孔都开启，使空气充分流通。

（3）当菇棚（房）温度在20℃以上时，不能喷水；每次喷水时要注意通气，不喷闷水；在菇蕾或幼菇期不可直接将水喷在菇体及菇床上，应向地面及空间喷水，保持菇棚（房）适宜湿度；菌筒或覆土水分不足时，及时补水调湿。

（4）菌袋栽培培养到菌丝体生理成熟，再进行催蕾。催蕾时温差刺激时间不可过长，3~4天即可。

（5）在出菇期间不用化学方法防治病虫害，可用诱杀和人工捕杀的方法进行防治。若必须使用农药时，也只能在菇采收后，选用低毒、低残留的药物，使用浓度控制在允许范围内。

72. 小菇死亡是怎么回事？

食用菌在出菇过程中由于多种原因导致小菇蕾死亡，影响了产量和质量，在出现这类问题时需要从以下几个方面寻找原因，及时找到解决问题的方法。

（1）品种抗性差。有的品种对出菇期的温度变化难以适应，当昼夜温差大于10℃时，菇体生长停止，萎缩后逐渐死亡。

（2）受病虫侵染。小菇蕾容易被覆土层的病害感染导致菇体死亡，基质中的螨虫和线虫大量吸收菇体营养，也会造成小菇萎缩和死亡。病虫害的诊断可通过观察死亡菇体受害病状，确定是何种病虫危害，针对性选择食用菌专用的药剂进行防治。

（3）用药不当引起药害。许多有机磷药剂对食用菌的菌丝和菇体生长都有抑制和致死作用，如敌敌畏会引发小菇死亡、菇体僵化和畸形；多菌灵也会引起木耳耳片畸形和僵化。在食用菌出现病害时，切勿盲目用药，应选用经国家批准的药剂，用药剂量和施用方法都要按照标准操作。

（4）机械损伤。当出菇量多、菇体密集时，采菇时容易造成小菇菇根损伤，造成小菇死亡。

（5）过干或过湿或温度过高。这些不利条件都可引起小菇死亡。

73. 出现畸形菇是怎么回事？怎样预防？

菇体在成长过程中受到不良环境的影响较易长成畸形菇。如平菇在缺氧状况下，长出团状的菜花形的"块菌"，但改善通气条件时，又可从中分化出片状的菇朵，恢复正常生长。金针菇在坑道内氧气不足的情况下，会出现多分支的小菇或在菌柄基部形成气生根状物，即使不覆盖薄膜，也难以长成正常的菇体。草菇在出菇阶段如把薄膜直接盖在菇体上会引致菇体无菇盖现象。香菇原基在菌袋内生长，受到薄膜挤压而畸形，覆土栽培的品种如双孢蘑菇、大球盖菇等菇蕾被过大过硬土粒压迫，都易使菇体出现畸形。猴头菇、真姬菇在缺氧状况下都易出现畸形现象。

预防和防治方法有两种。一是防止出菇棚内的出菇袋数过多而造成缺氧现象。选用通气性强、土粒大小适当、松软通气的土质作为覆土材料。二是一旦发现畸形菇，要立即改善通气状况，使其尽早恢复正常生长。畸形严重的原基应尽早摘除，让其重新分化，生长出正常的菇体。

第六节　病虫害防控

74. 什么是食用菌病虫害的农业防治？

食用菌病虫害防治应遵循预防为主、防治为辅的方针，首先从农业措施上防范与控制，以取得事半功倍的效果。农业防治措施有以下几种。

（1）换茬、轮作、切断病虫食源。对于发生过严重性病害或虫害的栽培房不应连续种植相同的品种，以防相同的病虫暴发，难以控制。

（2）选用抗病性强、生活力强、高纯度的菌种。引进优良菌种时选择适宜于出菇季节温度出菇的品种，这样才能消除或减少病虫侵染的机会，安全发菌顺利出菇。

（3）保持制种场所环境清洁干燥。制种发菌场所提高菌种成品率的重要措施之一就是保持整个制种场所清洁、干燥，无污染菌袋、无积水，排水沟通畅，空气、水源清新、干净。这样空气中杂菌指数低，接种和发菌期间感染的机会也随之降低。

（4）同一菇房、同一品种，同期播种、出菇。采取这种措施便于管理和防治病虫危害。在能保证正常出菇的条件下，适当降低菇房内的湿度，增加通气量，有助于减少病菌的生存条件。采菇后及时清除残菇、断根，清除污染菌袋，保持菇房清洁，极大程度地降低病虫滋生条件。

75. 什么是食用菌病虫害的物理防治？

（1）强化基质灭菌或消毒处理，保证熟化菌袋的无菌程度。灭菌期间常压100℃维持8~12小时，高压121℃维持2.5~3小时，切实杀死基质内的一切微生物菌体和芽孢。使用的菌袋韧性要强，无微孔，封口要严，装袋时操作要细致，防止破袋。

（2）规范接种程序，严格无菌操作。菌种生产要按照无菌操作程序进行，层层把关，严格控制，才能生产出纯度高、活力强的菌种。有条件的菌种场，灭菌灶应安排进袋口和出袋口门，中部隔断，出袋口处连接种室，经冷却后，在洁净台内接种。操作人员要穿戴好工作服，确保接种室的高度无菌程度。

（3）安全发菌，防止杂菌害虫侵入菌袋。菌种或菌袋发菌室应具备恒温条件，温度控制为 20~26℃，防止温差过大而引起菌袋出现水汽，杂菌入侵而污染。同时遮光培养，减少蚊蝇成虫飞入产卵危害。

76. 食用菌病虫害生物防治方法有哪些？

（1）捕食性天敌。在食用菌害虫的可持续治理中，利用螨类是有效的手段之一。捕食食用菌害虫的螨类较多。利用稻田蜘蛛可以有效防治食用菌害虫，如跳虫、菌蚊等害虫。

（2）寄生性天敌。

（3）昆虫病原线虫。昆虫病原线虫通过昆虫的自然孔口或表皮进入寄主血腔，并释放其携带的共生细菌，产生毒素物质致死寄主昆虫。

（4）苏云金芽孢杆菌以色列亚种（Bti）生物农药。苏云金芽孢杆菌以色列亚种能杀灭双翅目害虫，特别是杀灭各种菌蚊的效果很好，已被广泛应用。

77. 食用菌病虫害发生的特点有哪些？

（1）侵害食用菌的病虫种类繁多。

（2）营养丰富的栽培基质为病虫繁殖提供了良好的食源。许多害虫和病菌以腐熟的有机质为食源，如跳虫、螨虫、瘿蚊、线虫、白蚁和蚤蝇等昆虫都喜食腐熟潮湿的有机质。经发酵熟化后用于栽培双孢蘑菇、草菇和鸡腿蘑的基质能散发出特有的气味，吸引昆虫成虫在料里产卵。

（3）适宜的出菇环境也为病虫繁殖提供优越的条件。

（4）食用菌与病菌在生理特性上差异性小，生理性较一致。许多杀菌药易伤害菌丝和菇体，引起药害。

（5）培养基质携带病虫源。绝大多数的致病菌和有害昆虫，其寄主都是有机质。如稻草、棉籽壳、畜禽粪便等本身就携带大量病菌孢子、菌体、螨虫和蚊蝇等虫卵。

（6）病虫同时侵入、交叉感染。菇蚊、菇蝇身上携带螨虫和病菌，当其在培养基和菇体上取食和产卵时就传播病毒、螨虫和病菌。

78. 虫害对食用菌的危害有哪些？

（1）会取食食用菌菇蕾和子实体，形成菇体缺刻或毁坏整个子实体，使其丧失商品价值。

（2）会取食食用菌培养料并使其发生霉变，不利于食用菌的培养。

（3）会取食危害菌种和菌丝，引起退菌，使发菌失败等。

（4）会携带传播病虫害。如菌蚊、果蝇等害虫，不仅直接危害食用菌，还是各种杂菌、害螨的传播载体。因此，在害虫大发生之后，随之将是病害的继发性流行，给食用菌的生产带来毁灭性的损害。

（5）害虫还会危害食用菌干品，引起霉变、形变，使其失去商品价值。

79. 食用菌发生虫害的原因是什么？

（1）栽培食用菌一般在中温、高温及通风不良的环境条件下播种及发菌。

（2）用于栽培食用菌的培养料本身含有丰富的有机物质和充足的水分，这为病虫害的发生提供了足够的场所和养分。

这两个基本条件，既适合食用菌菌丝生长，也适合各种害虫害螨的生长繁殖，特别是采用生料栽培和堆制发酵料栽培食用菌时，如果栽培场地及菇房、菇床未进行有效的消毒灭菌和杀虫，培养料没有进行符合标准的高温堆制发酵和药剂处理，在有大量病菌害虫的情况下播种，如果播种量少、菌种本身生活力不强，缺乏竞争力，害虫和害螨就会发生和流行。即使是采用灭菌的熟料栽培，也同样会受到害虫的威胁，只是发生的时间稍微延迟。

80. 如何防治虫害？

（1）截断虫源。在每年种植季节生产前，要对菇场进行彻底清理，消灭害虫滋生场所，截断虫害源头。

（2）分室操作。对周年性种植食用菌场应严格执行接种、培养、出菇三室配套，按各自功能，严格分室操作，严禁一室多用。接种室和培养室应该远离菇房。降低室内温度，达到通风、向阳、干燥、干净、无菌的目的。接种所用的工具也应专用，不得作为他用。对于老菇房除按照上面的方法消毒和防虫处理外，还要喷洒"菌地三绝"进行抗重茬处理。

（3）菇前预防。菌袋经高温消毒接种移入培养房进行发菌培养。在培养过程中极易遭受虫害，要严防害虫侵入。培养室门窗装上双层纱窗，减少虫源侵入。菌袋在移入培养室前用5.4%阿维高氯兑水喷洒。菌袋在培养期间，每隔6天用杀虫烟剂关闭门窗进行熏蒸。

（4）严密监测。菌袋在出菇过程中，由于食用菌子实体散发的菌香味，极易诱发虫害。应在及时采摘的基础上，严密监测，防止扩散。

81. 菌袋内出现虫害怎么办？

用一个塑料桶，装入清水30kg，倒入一瓶5.4%阿维高氯搅匀，把袋口的套环取掉，把菌包放在药水中滚动几圈后拿出，这样药液就会顺着袋壁进入袋内，而将袋内的害虫全部杀灭，此方法杀虫彻底，而且不影响后面的正常出菇。

82. 食用菌栽培中的主要竞争性杂菌有哪些？

一类腐生于培养料上，与食用菌争夺营养，污染菌种、培养料、段木或抑制食用菌菌丝生长的有害微生物称为杂菌。

最常见和危害最严重的杂菌主要有木霉、粉孢霉、曲霉、根霉、链孢霉、总状炭角菌、胡桃肉状菌、鬼伞等20多种。

83. 造成食用菌杂菌污染的原因是什么？

（1）一些工艺杀菌不彻底，包括不蒸料的发酵工艺、半熟料工艺、巴氏消毒工艺。物料彻底杀菌是规模生产最基本的要求。

（2）接种的环境条件差，常年生产的环境都有大量的微生物，原料、废料堆和接种空间距离很近，接种间不能够保持密闭，完全跟环境相连，容易造成杂菌污染。

（3）在接种操作过程中带来污染。

（4）使用不合格的菌种，老化的菌种生长缓慢，恢复活力慢，对杂菌缺乏足够的竞争性抑制。

（5）杀菌不彻底造成污染。

84. 食用菌栽培如何预防杂菌？

（1）选择优良菌种。生产中要选择纯度高、菌龄适当、生命力旺盛、无杂菌污染的菌种。除此之外，在食用菌栽培过程中，还要定期进行提纯复壮，以保持菌种原有的优良性状。

（2）配制适宜的培养料。由于大多数食用菌喜欢偏酸性环境，所以将培养料的pH值适当调低，可抑制杂菌繁殖。

（3）改进接种方法。用生料栽培食用菌时，增加 5% ~ 10% 的接种量，并将菌种的 2/3 接种于覆盖料面和四周，有利于菌丝尽快占领培养基表层，提高抗杂菌能力。段木接种时，适当缩小穴距，并在段木两端断面各接种一穴，既可避免杂菌侵入，又能加速菌丝在段木中的生长。

（4）创造适宜的环境条件。采用适当的降温培养方法，同时菌丝生长期间应控制空气湿度在 60% 以下。

85. 夏季栽培食用菌如何降低杂菌污染概率？

（1）对于小规模栽培，在夏季应该注意减少配方中营养料的添加比例，高营养容易导致细菌感染。

（2）夏季食用菌生产拌料要做到随拌随用，即当天拌料，当天装袋灭菌。

（3）拌料后，装袋（瓶）要在最短的时间内完成，防止酸化。

（4）装袋（瓶）后，要尽快灭菌。

（5）要采用精细化接种。

（6）夏季要降低发菌温度。夏季生产中，工厂化生产要根据培养房空调的制冷降温能力确定产量，农户在夏季生产中，要尽可能减少摆放密度，增加菌袋之间的空隙，降低菌袋之间的积温。

（7）夏季培养室、发菌棚要注意通风，避免高温、高湿、通风不良 3 种情况同时存在。

（8）注意生产环境的药物消毒。

86. 高温天气时如何做到食用菌稳产保质？

要做到"四必须""三要求""三控制""四把关"。

（1）必须控制适温，防止高温"烧菌"。

（2）必须避免光线刺激，防止原基早现。

（3）必须适时开袋透气，防止菌丝缺氧萎缩。

（4）必须掌握生理成熟，防止错过始菇期。

（5）栽培场地要求尽量坐北朝南，依山傍水或林荫树下。

（6）菇棚遮阴要求密度比常规增多 50%。

（7）棚围四周要求开水沟，引流水，棚顶安装微喷设施。

（8）控制极限温度。

（9）控制光线直射。

（10）控制喷水时间，注意通风，避免造成高温高湿，导致病虫害发生。

（11）把好成熟关。

（12）把好采收关，夏菇宜于日出之前采收，采前切忌喷水。

（13）把好转潮管理关。

（14）把好产品保鲜关。

 87. 低温寒潮天气如何管理食用菌？

（1）做好菇棚保温措施。低温天气来临前应做好旧棚膜更换或清理工作，并及时修补覆盖物的破损处；采用双膜覆盖或棚内南侧悬挂遮阳网可显著提高棚温；堵紧风口，挂好菇棚门帘，减少进出菇棚次数；检查并加固棚架，拉紧压棚膜，防止大风雨雪天气造成损失。

（2）栽培管理措施。低温天气棚内的蒸发量较小，菌丝体在低温条件下呼吸量降低，此时喷水不可过多，一般 1~2 天喷 1 次水即可。喷水时应尽量通风，不可密闭喷水，以避免湿度增加；保温被晚揭早盖，利用中午的日照提温。通风要选择风小、温度较高的中午进行。

（3）出菇异常应对措施。尽量提高棚内夜间温度、减小昼夜温差，最重要的是要了解不同品种种性，在低温季节使用耐低温品种。

 88. 局部受污染的菌种能用于扩繁吗？

不管是母种还是栽培种，在培养阶段发现培养基上、在菌丝生长的周围或斜面上部、底部、边缘出现乳白色、淡黄色、黑色或黏稠状的薄片或圆点状的菌落，这是被杂菌污染的现象，应及时淘汰，以免给日后扩繁造成大面积污染。

 89. 菇体二氧化碳中毒后有哪些症状？

出菇期二氧化碳的浓度过高就会造成食用菌二氧化碳中毒，形成畸形子实体。

二氧化碳的含量高于正常大气中的含量 1~1.5 倍时，有利于食用菌菌丝体扭结分化形成子实体。但当二氧化碳的含量超过正常大气中的含量 3~4 倍时，菌柄就会伸长生长，并产生二级三级分枝，菌柄丛生，不形成菌盖或形成很小的菌盖，形似珊瑚，称为珊瑚形畸形菇；当二氧化碳的含量超过正常大气中的含量 4 倍以上时，其症状为子实体原基不断生长呈半球形，不能进一步分化形成正常的菌柄和菌盖，酷似花椰菜花球形态，直径大小不一。

90. 食用菌栽培中木霉如何预防与防治？

（1）保持制种和栽培房的清洁干净，适当降低基质和培养室的空间湿度，栽培房要经常通风。

（2）杜绝菌源上的木霉。接种前要将种袋和瓶子外围彻底消毒，并要确保种内无杂菌，保证菌种的活力与纯度。

（3）选用厚袋和密封性强的袋子装料，灭菌彻底，接种箱、接种室空气灭菌彻底，操作人员保持卫生，操作速度要快，封口要牢，从多环节上控制木霉侵入。

（4）发菌时调控好温度。恒温适温发菌，缩短发菌时间，也能明显地减少霉菌侵害。

（5）药剂预防。对老菌种房、老菇房内培养的菌袋，凡能用药剂拌料的菌种都要用药剂拌料，可有效地减少各种霉菌侵入危害。

 91. 覆土材料如何消毒处理？

对覆土材料进行有效处理是防止带菌进棚的重要环节。

（1）阳光暴晒。选择覆土材料后，在硬化地面进行暴晒，随时翻动，使土粒直径保持在 0.5cm 以下。或利用废旧的温室及塑料大棚在盛夏休闲期将设施密闭，把覆土材料放置其中，摊开。用地膜覆盖，维持 1 个月，让阳光产生的热量消毒。

（2）蒸气消毒。这种消毒方法消毒效果好，无化学污染。通常有两种方法，一是专用高压蒸汽消毒。用专用的高压锅产生高压高温蒸汽，通过导管直接导入到覆土材料中。二是用普通蒸笼或土蒸锅对覆土材料进行消毒，70~75℃保持 2 小时即可。

（3）甲醛消毒。用量为每 100m² 面积的覆土材料用 2.5kg 甲醛熏蒸，其用法是在覆土前 10 天，把甲醛倒入已晒干覆土中，用塑料薄膜覆盖，闷 48 小时后在太阳下散开，让甲醛充分挥发后再上床，以免产生药害。

（4）用菇丰或多菌灵消毒。用量为每 100m² 栽培面积的覆土用 300~500g，将药剂均匀喷洒在覆土材料上，再闷堆 5 天后使用。

92. 粪草料中出现了鬼伞怎么办？

鬼伞是夏季高温期发生于粪草菌类培养料上的竞争性杂菌。应选用新鲜未霉变的培养料，在高温期发酵时加强通气性，防止雨淋，减少氮肥的使用量。在料中发生鬼伞时，应在其开伞前就要及时拔除、防止孢子传播而污染栽培环境。

 93. 褐腐病症状是什么？如何防治？

褐腐病又名湿泡病、有害疣孢霉病，病原菌为有害疣孢霉。

褐腐病发病症状：一种是发菌期间病菌侵入后，菇床表面形成一堆堆白色绒状物，颜色由白色渐变为黄褐色，表面渗出褐色水珠，最后在细菌的共同作用下腐烂，并有臭味产生。另一种是原基分化时被侵染，形成类似马勃状的组织块，初期白色，后变黄褐色，表面渗出水珠并腐烂；当长成小菇蕾时被侵染表现为畸形，菇柄膨大，菇盖变小，菇体部分表面附有白色绒毛状菌丝，后变褐，产生褐色液滴；当出菇后期被侵染，不仅形成畸形菇，菇体表面还会出现白色绒状菌丝，后期变为褐色病斑。

防治方法如下。

（1）菇房消毒。及时清除菇房废料，并彻底消毒处理，不要等待进新料时再清理前季废料。有条件的菇房可通蒸气消毒，70~75℃持续4小时，而后通风干燥。菇床架材料宜用钢材和塑料等无机材料制成，经冲洗和消毒后，孢子不易生存。

（2）覆土消毒。首先要选取未含有食用菌废料的土壤，应选取稻田中20cm以下的中层土或河泥土，经太阳暴晒后使用。在发病区土壤中宜用杀菌剂处理。如用菇丰配成2 000倍液比例喷雾，边喷边翻土，而后建堆盖膜闷5天后再使用。推广河泥砻糠覆盖技术，可有效地降低土壤常见病原菌的概率。

（3）培养料病菌处理。在发病区，培养料宜用杀菌剂拌料，如2 000倍液的菇丰。当菇床出现症状时要及时挖除，撒上杀菌剂，让其干燥，病区内不要浇水，防止孢子、菌丝随水流传播。

 94. 菇蚊危害的症状有哪些？如何防治？

菇蚊喜食蘑菇菌丝、钻蛀幼嫩菇体，造成菇蕾萎缩致死。幼虫危害茶树菇、金针菇、灰树花时常从柄基部蛀入，在柄中咬食菇肉，造成断柄或倒伏，幼虫咬食毛木耳、黑木耳、银耳耳片，导致耳基变黑黏糊，引起流耳和杂菌感染。

防治方法如下。

（1）合理选用栽培季节与场地。选择不利于菇蚊生活的季节和场地栽培。在菇蚊多发地区，把出菇期与菇蚊的活动盛期错开，同时选择清洁干燥、向阳的栽培场所。

（2）多品种轮作，切断菇蚊食源。在菇蚊高发期的 10—12 月和 3—6 月，选用菇蚊不喜欢取食的菇类栽培出菇，如香菇、鲍鱼菇、猴头菇等，用此方法栽培两个季节，可使该区内的虫源减少或消失。

（3）重视培养料的前处理工作，减少发菌期菌蚊繁殖量。对于生料栽培的蘑菇、平菇等易感菇蚊的品种，应在料中和覆土中进行药剂处理，做到无虫发菌、少虫出菇，轻打农药或不打农药。

（4）药剂控制，对症下药。在出菇期密切观察料中虫害发生动态，当发现袋口或料面有少量菇蚊成虫活动时，结合出菇情况及时用药，将外来虫源或菇房内始发虫源消灭，则能消除整个季节的多菌蚊虫害。在喷药前将能采摘的菇体全部采收，并停止浇水 1 天。如遇成虫羽化期，要多次用药，直到羽化期结束，选择击倒力强的药剂，如菇净、锐劲特等低毒农药，用量为 500~1 000 倍液，整个菇场要喷透、喷匀。

95. 蘑菇病毒病的症状是什么？如何预防？

蘑菇菌丝染上病毒后，在培养料内菌丝表现为吃料慢，菌丝稀疏发黄，发菌不均匀，覆土层内菌丝稀少，菇床面上出菇不均匀。子实体明显小，有的畸形，菌盖小，菌柄细长，或菌柄膨大或早开伞。在发病轻时，无明显症状，但产量逐年下降。

蘑菇病毒病主要通过健康菌丝与带病毒菌丝的融合及担孢子传播，带有病毒的蘑菇孢子小，萌发快。菇床上发病主要由菌种带毒引发而来。选择无病毒的菌种是防止病毒病发生的主要措施。

96. 食用菌线虫病的症状是什么？如何防治？

危害食用菌的线虫有多种，蘑菇受线虫侵害后，菌丝体变得稀疏，培养料下沉、变黑，发黏发臭，菌丝消失而不出菇。幼菇受害后萎缩死亡。线虫数量庞大，每克培养料的密度可达 200 条以上，其排泄物是多种腐生细菌的营养。这样使得被线虫危害过的基质腐烂散发出一种腥臭味。由于虫体微小肉眼无观察到，常误认为是杂菌危害，或是高温烧菌所致。

防治方法如下。

（1）适当降低培养料内的水分和栽培场所的空气湿度，恶化线虫的生活环境，减少线虫的繁殖量，也是减少线虫危害的有效方法。

（2）强化培养料和覆土材料的处理。尽量采用二次发酵，利用高温进一步杀死料土中的线虫。

（3）使用清洁水浇菇。流动的河水、井水较为干净，而池塘死水，含有大量的虫卵，常导致线虫泛滥危害。

（4）药剂防治。菇净或阿维菌素中含有杀线虫的有效成分，按1 000倍液喷施能有效地杀死料中和菇体上的线虫。

（5）采用轮作制。如菇稻轮作、菌菜轮作、轮换菇场等方式，都可减少线虫的发生和危害程度。

97. 食用菌螨虫危害的症状是什么？如何防治？

螨虫取食多种食用菌的菌丝体和子实体。当螨虫群集于菇根部取食菌根，致使根部光秃、菇体干枯而死亡。危害菌丝造成退菌、培养基发黑潮湿、松散，只剩下菌索，并携带病菌，导致菇床感染病害。

防治方法如下。

（1）选用无螨菌种。种源带螨是导致菇房螨害暴发的首要原因。

（2）培养料要严格发酵彻底处理。在夏季播种时要彻底清扫菇房，菇房架子材料宜选用无机型，以减少螨虫的滋生场所，也便于消毒处理。

（3）在夏秋季高温时播种，为确保菌丝生长期安全，应在培养料中进行拌药预防。可用菇净2 000倍液，在制堆时拌入料中，可有效地控制发酵期间的螨虫及各种害虫。

（4）出菇期出现螨虫危害菇根和菇盖时，应及时采摘可采的菇体，然后用菇净或哒螨灵1 000倍液喷雾，过5天左右再喷1次，连续2~3次可有效地控制螨虫危害程度。

98. 菇床上出现鼻涕虫应如何防治？

鼻涕虫学名是蛞蝓。危害食用菌蛞蝓主要种类有野蛞蝓、双线嗜黏液蛞蝓、黄蛞蝓3种。危害严重的是双线嗜黏液蛞蝓。蛞蝓咬食原基和菇体，造成孔洞和缺刻，并留下黏液，严重影响菇体的商品性和产量，蛞蝓爬行于菇床中，携带和传播病害，常造成病虫杂菌从伤口侵染，引发多种病害。

防治方法如下。

（1）在菇房地面和四周撒上干石灰粉，无土面露出，减少蛞蝓躲藏场所。

（2）人工捕捉。在夜间和阴雨天，乘其出来取食时捕捉。

（3）在蛞蝓大发生时，将菇提前采摘后喷施500倍液菇净，可将蛞蝓杀死。

99. 可用于食用菌上的登记药剂有哪些?

截至 2023 年 2 月 28 日,我国在食用菌上登记的农药产品共 45 个,其中灭蝇胺、多菌灵、呋虫胺、咪鲜胺、吡丙醚、腐霉·百菌清和唑醚·代森联为近两年变更使用范围后在食用菌上登记的 7 种产品。登记可用于食用菌上的农药共涉及 3 类,包括杀菌剂 30 个、杀虫剂 12 个、植物生长调节剂 3 个,其中杀菌剂占比最高,为 66.7%。防治对象主要有木霉菌、疣孢霉、青霉菌等真菌性病害,细菌性褐斑病等细菌性病害,以及菌蛆、菇蝇、菇蚊等害虫和害螨。45 个农药产品登记范围包括食用菌、平菇、双孢蘑菇、香菇、灵芝等食用菌以及菇房。从农药有效成分看,共计 18 种,杀菌剂有咪鲜胺锰盐、咪鲜胺、噻菌灵、二氯异氰尿酸钠、噻霉酮、多菌灵、百菌清、吡唑醚菌酯、代森联、腐霉利和春雷霉素 11 种;杀虫剂包括呋虫胺、灭蝇胺、吡丙醚、高效氟氯氰菊酯和甲氨基阿维菌素苯甲酸盐 5 种;植物生长调节剂有三十烷醇和赤霉酸 2 种。在农药毒性方面,全部为低毒农药;剂型方面兼顾了对环境污染小和适宜食用菌栽培小环境使用,以悬浮剂、水分散粒剂、可湿性粉剂、烟剂等为主。

这 45 种农药产品主要针对季节性栽培的平菇、双孢菇、香菇、灵芝等食用菌及空菇房环境的病虫害防控;使用方法包括拌料或拌土、喷雾和熏蒸等方法,可根据发生时期选择适宜的农药种类。在选择农药时要对药剂的防治对象、使用时期及用法用量进行详细了解,结合病虫害发生的严重程度,选择合适的用药时期和用药量,以达到精准防控;病虫害防控要遵循"预防为主、综合防控"的原则,科学选择不同作用机制的药剂轮换使用。在食用菌具体生产中,应采取综合措施防控有害生物,减少对农药使用的依赖,促进食用菌产业安全、绿色发展;切实加强食用菌生产用药监管,严禁未取得农药登记的农药、高毒农药、禁用农药等用于食用菌生产,严厉打击非法、违规使用农药的行为。

第七节 采收保鲜、贮运与加工

100. 食用菌采收前要做什么准备?

(1)停止加湿。食用菌子实体中,80%以上是水分,特别是接近成熟期,其对水分的吸收速度很快，如果晚上加湿，早晨进行采摘，就会出现"水菇"，会致使食用菌组织极脆，子实体易断裂，造成损失，并且使食用菌保存期大大缩短，容易出现腐烂现象。因此，在准备采摘的前 1~2 天，停止采收场所加湿，使食用菌含水量降低，这样就解决了"水菇"的问题，同时增加食用菌韧性、降低损耗，延长保存期。

（2）做好人员安排、培训。采收人员一定要做好培训，必须从采摘方法、手法、工具使用及工具消毒等方面入手，进行全面培训。层架式种植，若要登高采摘，还要做好安全培训，予以提醒，避免因采摘给下茬菇生长带来负面影响或出现生产安全问题。

101. 食用菌如何采收？

不同生长状态的食用菌有不同的采摘方法，采摘的总体要求是不能带落培养料，不能伤害生长中的菌丝体和幼小子实体。

（1）簇生型食用菌。如子实体全部成熟，应一手扶住子实体，另一手握刀，从培养料表面，切断主根，子实体采摘下来后，再进行个体分解。如上部成熟，下部尚未成熟，需扶住成熟的子实体，一手握刀，从成熟的子实体根部切断，不能伤害到未成熟的子实体。

（2）单生型食用菌。其生长相对独立，采摘时，一只手扶子实体，另一只手握刀沿培养料料面切断根部即可，不要误入培养料，伤害到菌丝体或幼菇。对小型单生菇，可一只手按住子实体根部培养料，另一只手轻轻扭转子实体，使其根部断裂取下即可。

（3）丛生型食用菌。丛生型食用菌采摘时不予考虑幼菇，只考虑尽量不带落或少带落培养料，少伤害子实体即可。

注意：采收中一定要注意所使用的刀具消毒，一般一袋次就需进行 1 次消毒。

102. 食用菌贮藏保鲜技术有哪些？

新鲜食用菌味道鲜美，质地脆嫩，深受消费者欢迎。做好鲜菇的贮藏保鲜工作，对于保证鲜菇的市场供应，以及加工后产品的风味、质量，都具有重要意义。常用的贮藏保鲜手段如下。

（1）低温贮藏保鲜。

（2）气调保鲜。

（3）辐射源保鲜。

（4）化学保鲜。

103. 食用菌低温贮藏保鲜的原理和方法是什么？

（1）原理。低温贮藏简称冷藏，是利用自然低温或通过降低环境温度的方法，抑制菇体的新陈代谢和致腐微生物的活动，从而达到延长贮藏期保鲜的目的。低温贮藏是常用的保鲜方法，分为冷藏和冰藏。

（2）冷藏（冷库贮藏保鲜）。

①漂洗护色。

②预冷：在将蘑菇放入冷库前，操作人员要尽量保证其温度接近冷库的贮藏温度。预冷的方法一般为真空冷却。此法造价较高，需专用设备。在我国主要采用减少进库数量等措施，以保证冷库温度不大幅度波动。

③冷库管理：冷库温度应控制在 1℃±1℃，相对湿度控制在 90% 左右，在冷库内，蘑菇可保鲜 7~14 天。

（3）冰藏。利用冰块降低温度，达到保鲜目的的方法。可利用天然或机制冰块，放在贮存蘑菇的容器中，达到保鲜目的。

104. 食用菌气调保鲜的原理及方法是什么？

（1）原理。通过适当地降低氧气浓度和提高二氧化碳浓度，来抑制菇体新陈代谢及微生物活动。控制气体组成同时保持适宜的低温，可获得更好的保鲜效果。

（2）方法。将漂洗分级后的鲜菇，沥干水分装入塑料袋内，通过气调设备调整袋内气体组成，使氧气浓度降至 2%，二氧化碳浓度保持 10% 左右。在这种情况下，蘑菇的新陈代谢受到抑制，生长极为缓慢，开伞率低，菇体洁白。

也可将蘑菇贮存于有一定透气性的塑料袋内，利用其自身的呼吸作用来降低氧气浓度，提高二氧化碳浓度。这种方法简单易行，但效果不如前者。

105. 食用菌辐射源保鲜技术原理及优势是什么？

辐射贮藏是食用菌贮藏的新技术，将采收未开伞的鲜菇装进多孔结构的高压聚乙烯包装袋内，进行相应的放射性物质辐射，如钴-60，随后在超低温下贮藏，能合理降低鲜菇霉变概率，保鲜效果较好。经辐射后的菌类水分挥发少，抑止菇体褐变、破膜和开伞功效显著，菇体维持新鲜情况时间长。与其他保藏方法相比有许多优越性，如无化学残留物，能较好地保持菇体原有的新鲜状态，而且节约能源，加工效率高，可以连续作业，易于自动化生产等。

106. 食用菌化学保鲜技术的原理及方法是什么？

（1）原理。通过化学保鲜药剂的作用，来控制微生物的生长，抑制菇体的呼吸作用，防止菇体发生褐变，并减缓蘑菇衰老的速度，从而达到延长蘑菇新鲜与贮藏时间的目的。药剂的使用必须符合食品卫生标准。

（2）方法。

①盐水处理：将鲜蘑菇浸入0.6%的食盐水内10分钟，捞出沥干，装入塑料袋内。在10~25℃条件下，4~6小时后，袋内蘑菇就会呈亮白色。这种新鲜状态可维持3~5天。

②稀盐酸处理：用0.05%的稀盐酸溶液浸泡蘑菇，使菇体内部pH值降到6.0以下，以抑制酶的活性，降低蘑菇代谢水平，减缓褐变和开伞的速度，同时还可抑制致腐微生物的繁殖生长，从而达到短期贮藏的目的。

③焦亚硫酸钠处理：将鲜菇在0.01%焦亚硫酸钠水溶液中漂洗3~5分钟，再用0.1%焦亚硫酸钠溶液浸泡半小时，捞出沥干，装入塑料袋内，在10~15℃时有较好的保鲜效果。在食用时，应用清水冲洗至含硫量在20mg/kg以下。

107. 真空预冷如何使食用菌长久保鲜？

刚采摘的鲜菇利用真空预冷机达到迅速冷却的目的。这种冷却时间一般在30分钟左右，真空预冷的好处是速度快，可以达到中心温度冷却，并且让蘑菇进入休眠状态，停止呼吸热产生，也就停止了生长老化。在真空预冷达到蘑菇停止呼吸热、进入保鲜温度的同时加入气体杀菌。这都可在真空预冷机上完成，在真空预冷的同时，开启水分蒸发功能，蒸发掉蘑菇表面水分，封锁内部水分。

此时的蘑菇就处于睡眠状态，体表无水，无菌，温度降至保鲜温度3℃左右。可及时存放在保鲜库内，达到长久储存的目的。

108. 秋冬食用菌保存售卖应注意什么？

秋冬季天气转凉，北方地区风力增大，需要注意因保存不当，菌菇类蔬菜出现由于水分流失而重量缺失的现象。建议散装菌菇入库时，表面覆盖湿毛巾，来避免失水的现象发生。同时，陈列时注意假底使用，建议采用三层梯度假底，用竹筐装盛散装菌菇，竹筐垫一半假底，保持菌菇底部的通风透气，来减少菌菇因散发热量多，出现发热、长毛现象。

109. 什么是食用菌加工？

食用菌加工是指以食用菌为原料，通过盐渍、干制、罐制、糖制等常规加工技术，制成各种营养丰富、绿色健康的食用菌制品。经过多年发展，目前食用菌加工业已具备完整的产业链，市面上的食用菌加工产品主要可以分成两大类：一类是以菌丝体为基料，利用深层发酵技术提取和开发的系列功能保健饮料和风味调味产品。另一类是以子实体为原料，利用现代食品加工技术，研制的罐头、脆片、杂粮粉、果脯、复合饮料等产品。

110. 食用菌常用的加工技术有哪些？

目前，食用菌加工新技术主要有4种。

（1）食用菌主粮产品加工技术。利用食用面粉末，使食用菌主粮化，如毛木耳挂面，增加了面条的营养价值。

（2）低温真空油炸/微波干燥技术。油炸和脱水作用有机地结合在一起，使食用菌处于负压状态，在这种相对缺氧的条件下进行食用菌加工，可以减轻甚至避免食用菌氧化，如低油率香菇脆片产品、非油炸食用菌脆片等。

（3）食用菌复合酶解技术。利用酶反应高度专一的特点，破坏食用菌细胞壁结构，使细胞内的成分溶解、混悬或溶于溶剂中，从而达到提取目的，有利于提高食用菌营养成分的提取率。用于生产食用菌调味产品。

（4）食用菌功能成分高效提取技术。以食用菌为原料，经过现代高效提取分离技术，定向获取或浓缩食用菌中的一种或多种有效成分，而不改变其有效成分结构，形成食用菌天然产物提取物。

111. 食用菌运输的原则是什么？

食用菌在运输期间不仅要控制呼吸作用和其他新陈代谢，同时还必须要保持食用菌正常的新陈代谢，防止发生有害代谢。多数食用菌在气温低于15℃时，可用普通车运送，高于15℃时须用冷藏车（1~3℃）运送。远途销售或出口的鲜菇必须考虑运输所需的时间和商家的销售时间。香菇保鲜有效期因气温升高而缩短，气温在1℃时，可保鲜18天，6℃时可保鲜14天，14℃时可保鲜7天，20℃时可保鲜4天。而高温菇类草菇，不可低温运输，只能在15~20℃保存和运输。

食用菌运输前的包装和装箱很重要，除真空包装外，普通的包装都应保持一定的透气性，否则，影响其正常代谢，影响产品风味；包装不可过大，尽可能一次包装减少破损；包装箱不可过大，以减少挤压，减少对菇形的破坏；路途要减少颠簸，以免造成菌体破碎；避免高温运输。

第八节 食用菌消费知识

112. 挑选鲜蘑菇越白越好吗?

蘑菇并非越白越好。正常的、新鲜的蘑菇在菇体表面有一层大小不等的鳞片或平贴于菇体的纤毛，这样的菇体新鲜程度最好，鳞片也易于观察；事先切断菇脚统运的蘑菇菇体，由于在运输过程中的碰撞和蘑菇自身的伤变色，一般表现为菇体的颜色不是均一的纯白色，碰伤处呈浅褐色。经过漂白的菇体表现出不自然的白色，既没有碰伤处的变色，也没有新鲜菇体的鳞片和纤毛，表面不自然，有水浸过的样子，手感相对湿、滑，不宜选购。

113. 挑选食用菌越大越好吗?

不是，中等大小的八成熟以内的食用菌口感最好，过于成熟的食用菌菌肉松弛，口感下降，所以并非越大越好。

114. 怎样挑选干香菇?

好的香菇体圆齐正，菌伞肥厚，盖面平滑，质干不碎。手捏菌柄有坚硬感，放开后菌伞随即膨松如故。色泽黄褐，菌伞下面的菌褶紧密细白，菌柄短粗，远闻有香气，无焦片、雨淋片、霉蛀和碎屑等。其中菇伞面有似菊花一样的白色裂纹的为花菇。花菇是香菇之上品，其色泽黄褐而光润，菌伞厚实，边缘下卷，菌褶细密匀整，身干，朵小柄短，香气浓郁。

115. 怎样挑选黑木耳? 怎样辨别真假?

优质黑木耳呈黑褐色，腹面有光泽，背面有暗灰色茸毛，无光泽，朵片完整，无结块。形状上单片的好，耳根小，可食率高，而菊花形的黑木耳外观好看，但是耳根大，可食比例变低。好的黑木耳泡发度高。泡发度是以干木耳水发后的吸水倍数计算的，如 1kg 干木耳水发后 10kg，泡发度就是 10。我国最好的黑木耳泡发度达到 22。目前代料栽培的黑木耳泡发度在 11 以上即是优质品。

真品手攥时发脆，会碎，手感轻飘；闻时有黑木耳特有的清香气，无异味。掺假黑木耳通常用手握不碎，有韧性，手感比较重，有压手感。因为制假的方法不同，用舌舔时有不同的味道，有甜、咸、涩、苦等各种味道。用水泡发时肉质软，无弹性，有糟烂现象。

116. 怎样挑选银耳？

购买银耳时重点要看颜色、闻味道。优质银耳干燥，色泽微黄，形状分为整朵型和雪花耳（碎片耳）两种，无论整朵型的还是雪花耳都无蒂头，无杂质，有银耳特有的清香味。由于消费者的误解，多年来一直认为银耳越白越好。实际上并非如此。越白的银耳硫黄的污染越严重。如果能闻到刺激的气味或口尝时舌有刺激或辣的感觉，很可能就是用硫黄熏蒸过的。

117. 干香菇怎样水发食用营养保持最好？

水发干香菇时，先用冷水冲洗去表面的尘土，如果急用，用不超过 40℃ 的温水浸泡，40~60 分钟后即可使用。具体时间长短取决于香菇的质地，质地紧密、菌盖厚的需时要长一些，质地松、菌盖薄的需时短。过热的水反而不易发好，且会造成营养物质的破坏。试验证明，水发温度越低，鲜味和香味成分保留越多。所以，建议家庭菜肴中使用干香菇时，可于头天晚上用冷水于冰箱中水发。浸菇液中含有多种水溶性营养、保健物质和呈鲜香味物质，所以，应尽可能食用。可以将菇体取出做菜，澄清后清澈部分直接用于炒菜或做汤。

118. 多吃食用菌对人体有害吗？

虽然食用菌的营养成分比较均衡，但是其核酸含量偏高，核酸在代谢过程中会产生尿酸，因人类缺少尿素氧化酶，不能氧化尿酸，血浆中的尿酸含量高时可导致组织中的尿酸盐沉积并可能引发膀胱结石，因此成人摄入核酸的日安全限量为 4g。在各种食用菌中，凤尾菇核酸含量最高，占干重的 4.06%，相当于湿重的 0.51%，即使如此，每人每天食用 392.5g 鲜凤尾菇仍是安全的，如果食用核酸含量较低的其他食用菌，这个界限还可以再放宽；经烹煮后的食用菌子实体可再多食 20%，因此，作为日常蔬菜食用时不必限制摄入食用菌的量。

第二章
主要食药用菌栽培技术

第一节 香 菇

1. 什么是香菇？

香菇别名香蕈、冬菇、椎茸（日本）。一年生或多年生食、药两用真菌。主产亚洲，是亚洲的主要食用菌之一。子实体群生或丛生，菌盖 3 ~ 20cm，早期凸出后渐平展，有时中央稍下凹，早期呈淡褐色，后变为紫褐色，表面有茶褐色或黑褐色鳞片，有时有菊花或龟甲状裂纹。菌肉肥厚、白色、致密，菌褶白色、稠密、弯生，宽约 4mm，过熟或受伤时产生红色或黑色斑块。菌柄中生或偏生，白色，内实，纤维质，常弯曲，有时下方渐细，呈圆柱状或稍扁，长 3~6cm，粗 0.6~1cm。菌褶表面上有许多担子或囊状体，密生其上的担子有 4 个担子梗，每个梗上着生一个孢子，无色，光滑，椭圆形，大小为 $(6~7)$ μm× $(3.5~4)$ μm。

2. 香菇的栽培方式有哪几种？

传统的香菇栽培，有斜棒模式，地栽模式，粗短棒架层模式，大棒、小棒架栽模式等。

3. 香菇栽培主料是什么？

培养料是香菇生长发育的基础，选料是否最优、配比是否合理、掺和是否均匀、干湿度是否合适，直接影响香菇菌丝的生长和产量高低。香菇主料多以栎树木屑居多，桑枝条、苹果树枝条、棉秆等粉碎后也是较好的主料。棉籽壳也可搭配使用。

4. 香菇的栽培用什么辅料？

使用麦麸、米糠作为有机氮源，使用石灰粉作为强化渗透剂，使用石膏粉作为缓冲剂，使用化学肥料作为营养元素补充。

5. 香菇栽培基料的含水率多高合适？

抓起一把基料，根据经验手攥法测试，一般手指缝间有水滴而不能滴下为度，在 57% 左右。

6. 代料栽培香菇应该怎么制作菌袋？

料袋制作包括拌料、装袋（填料）、灭菌、冷却等几项工作。

7. 制作代料栽培的香菇菌种要考虑哪些问题？

制作代料栽培的香菇菌种要考虑以下问题。

（1）生产日程安排。菌种应在料袋生产之前培养好，菌龄以 60～90 天为宜。菌龄太短或太长，接种后定植成活缓慢，不利于提高菌袋成品率。尤其是越夏菌种的成活率低，易感染杂菌，应杜绝使用。菌种生产的具体日期，应根据料筒生产日程确定。

（2）菌种用量。菌种用量根据实际生产栽培规模所决定，平均每千克菌种可以接种 60 袋左右。菇农应该提前向菌种厂订购菌种。不宜临时到处求购，"饥不择食"者往往失败。

8. 香菇菌袋如何接种？

（1）将接种室进行空间消毒。

（2）将料袋从灭菌锅取出移至接种室，同时注意进行消毒。

（3）准备好胶纸，打孔用的圆锥形木棒、75%的酒精棉球、棉纱、接种工具准备齐全。

（4）关好门窗，继续消毒 40 分钟。

（5）消毒完成后，接种人员进入缓冲间，穿戴好工作服，向空间喷 75%的酒精消毒后，再进入接种间。

9. 袋栽香菇接种时需要注意的问题有哪些？

袋栽（代料栽培）香菇的接种工作应遵守无菌操作原则。为此，接种前必须进行接种室消毒、菌种预处理等各项工作。

（1）接种室要提前进行消毒。生产中常采用福尔马林（甲醛）、过氧乙酸或气雾消毒盒熏蒸消毒，且最好 3 种方法交叉使用。无论采用哪一种方法进行接种室消毒，都必须先进行认真的清扫、擦拭和喷雾降尘。如果采用福尔马林熏蒸消毒，应在使用前 24 小时进行，以保证消毒效果和接种人员的健康与安全。气味太浓时，可以用氨水、硫酸铵或碳酸氢铵吸收室内游离的甲醛分子，然后接种。

（2）菌种的预处理。菌种培养数十天，外面难保无尘无菌，移入接种室

（由接种人员带入）前认真进行预处理是减少杂菌污染的重要措施之一。首先逐瓶（袋）挑选，剔除长势弱、有杂菌或有疑问的菌种，将选留的合格菌种进行药浴处理，清洗瓶（袋）外壁。

10. 接种时如何减少杂菌污染？

为了杜绝或者减少接种时的杂菌污染，一是要求接种人员技术熟练，接种操作规范、利索，接种速度快；二是保持接种室内外、接种箱干净卫生，接种人员手、衣帽清洁卫生；三是使用优质气雾消毒，密封熏蒸（消毒）30分钟；四是选用优质纯培养菌种；五是采用"菌种去头不触摸"的方法对菌种进行预处理，先在接种箱外用消毒液清洗菌种袋表面，用酒精灯灼烧棉塞，然后放入接种箱内与准备接种的料袋一起熏蒸，接种时用小刀将棉塞及下面1cm厚的菌种轻轻割去，掉到预先准备好的塑料袋内，包好，待接种结束后拿出接种箱，整个过程手不能触摸棉塞、套环及打皱的袋口。

11. 接种后的春栽菌袋如何进行发菌管理？

接种后的春栽菌袋建议码堆成条，高度10层左右，然后覆盖塑料膜保温。当穴口周围的菌丝长到5~6cm时脱去外袋，堆成"井"字形或"A"形，堆高6~8层。脱袋后，第10天进行第一次刺孔，在接种穴周围刺5个孔，深1cm。第二次刺孔在菌丝互相连住时，每个菌丝斑周围刺12个孔。第三次刺孔俗称"放大气"，在菌袋菌丝长满（完全吃料）10天后，用钉有14颗铁钉的木板在袋面拍打5~6行。每次刺孔后要注意防止菌袋升温烧菌，将菌袋搬入荫棚内越夏，避免高温突来引起烧菌。

12. 香菇菌棒转色的标准是什么？

菌棒有弹性，周身面积均为褐色，很少有白色部分。

13. 香菇菌袋如何进行转色管理？

脱袋盖膜的前2~4天内尽量不要翻动薄膜，维持保湿和恒温。如超过25℃时，要短时间掀膜降温。气生菌丝长至2mm，可加大通风次数或喷2%的石灰水，促使菌丝倒伏。倒伏后每天掀膜2~3次，每次20~30分钟。此时用手指触菌棒表面有指纹印，表明干湿相宜。在黄水形成初期，要稍延长掀膜时间，也可以轻度喷水1次，待黄水珠大量吐出时用喷枪将黄水珠冲洗掉，通风1~2小时至菌棒稍干。往复几天，即可完成转色。

14. 香菇菌袋接种后菌丝不吃料是什么原因?

引起香菇菌丝体生长迟缓的原因很多,主要有以下几个方面。

(1) 培养料不合适。培养料的配方不合理,配制不科学,如碳氮比不合理,pH 值不适当,料内含有松木、杉木等木屑,都能使菌种块不萌发导致"不吃料"。另外,如果培养料过干,菌丝也不能长入培养料内部而造成"不吃料"。

(2) 菌种老化。在二级菌种和三级菌种的制作过程中,所用的菌种必须是活力强的菌种。如果接入的菌种在不良环境下长期贮藏或培养时间过长,造成菌种衰老,引起生活力降低,也会导致菌丝失去生长能力,引起"不吃料"现象。

(3) 害虫危害。如果菌种在养菌过程中出现了螨虫、鼠害等咬噬菌块等情况,也会致使菌丝消失。

(4) 环境因子不适。可能是由于接种后的试管堆放过多,或栽培料堆放过密过紧而导致其内温度过高,抑制了菌丝的正常生长。

15. 香菇菌袋接种后菌丝不吃料的防治方法?

(1) 培养基(料)营养搭配得当。培养基的营养成分搭配合理,要选择科学配方,注意料内不能含有松木、杉木等木屑。还要保证培养料的合理含水量。

(2) 科学调整 pH 值。培养料的 pH 值,对菌丝的正常生长影响非常大。在制作培养基时,按照不同种类食用菌菌丝体生长所需的最适 pH 值进行调整,灭菌后 pH 值降到 6.0 左右,正好适合食用菌菌丝体生长需要,可培育出健壮的菌丝。

(3) 精调环境因子。按要求调整培养室湿度、温度、空气、光照等环境因子至适宜食用菌菌丝体生长的范围,定期检查接种后是否会堆放发热,并及时排除隐患。

(4) 菌种在养菌过程中要注意做好防治害虫的工作。

16. 催蕾期间如何进行通风管理?

一般可根据气候状况利用进出口、通风孔等进行通风调控,有条件的可使用强制排风装置;安装水温空调后可对温气进行同步管理,操作更是简单而有效。

17. 如何进行温度管理？

要根据其生物特性进行恰当管理，建议控制在温度下限的偏上范围，尽量不接近上限。如某温型菌株，出菇温度范围为12~25℃，可将温度调控至15~18℃，如此便可较好实施管理，当然，如果调控在15℃左右，菇品的内在质量将会更高；但是，如果温度多保持在上限水平，菇品质量将会大打折扣。

18. 如何进行湿度管理？

主要的湿度管理手段就是地面浇灌、墙体喷水、空中喷雾等方法。子实体生长期间，一般需要保持空气湿度为85%~95%。采收之后、增湿之前湿度往往低于80%，但是，喷水后往往可以短期达到100%，不过由于时间短暂，不会对子实体生长产生很大的影响。但若长时间管理不到位，使其连续数日湿度在70%以下或保持饱和状态，则会对子实体发生不可逆转影响，或出现不可逆花菇，或干枯死亡，或水泡状的菇体等，严重者还会因此而诱发某些病害，对生产造成较大损失。

19. 菇期如何进行通风管理？

菇期菌丝体需氧量增加，子实体更是需要大量氧气供应，通风的同时，应注意温、湿度不可发生剧烈变化。主要措施是：加强通风换气，降低菇房内二氧化碳浓度，温度高时，加大通风量和喷水量；温度低时，要增加光照，适当减小通风量或采用间隙通风。

20. 如何进行光照管理？

光照是保证香菇健康生长的必要条件，不能够让阳光直射到香菇上。要做好遮阴措施，保证香菇吸收的光照是散射光照。因为香菇受到太阳光照直射，对其生长的影响非常大，轻则抑制香菇的生长，重则导致香菇死亡，光照不宜过强，可读书看报即可。香菇原基分化期最适光照是100Lx，子实体发育阶段最适宜光照为300~800Lx。最适波长为370~420nm。蓝光可促进子实体的形成，红光与黑暗都不利于子实体发育。

21. 温、水、气、光如何进行综合管理？

综合管理的原则是：在预防病害的基础上，依据各项管理项目的重要性进行排序，通风第一，温度第二，水分第三，最后是光照。

22. 香菇蕾期怎么管理？

菇蕾阶段，由于子实体处于弱小期，故对各项条件的要求较高，必须加强管理。首先，坚持通风原则，但绝不允许有较强风流掠过菇蕾；其次，保持温度的基本稳定；再次，不可对菇蕾喷水，尤其不得直接对菇蕾喷洒温差大的水，只能对空间喷雾；最后，调控光照强度在 500Lx 左右即可满足。

23. 袋栽香菇转色后不出菇的原因何在？如何解决？

第一，要选择合适的菌种，注意菌种的温型。第二，菌包含水量太低，若含水量低于 50%，通常难以形成原基。可以采用浸筒补水，如注射、浸泡、滴灌等。第三，转色过度。气生菌丝大量生长，阻碍出菇。第四，培养料中氮素过多造成菌丝徒长。第五，转色后菌筒内 pH 值偏高。出菇最适的 pH 值为 5.0，当 pH 值过高时通常添加石灰，且添加量不能超过 1.0%，否则就有危险。第六，菇棚内二氧化碳浓度过高，影响出菇。可以增设门窗或减少荫棚覆盖物。

24. 出菇后的菇棚如何处理？

必须进行消毒和灭虫处理。香菇在生长发育过程中，有多种杂菌和虫害发生，棚内有可能积累了多种有害生物。因此，香菇出菇棚在每个栽培季节完成后，需对使用后的菇棚做一些处理。例如，揭棚暴晒；用石灰水喷洒或涂抹进行消毒；更换表层土；密闭杀虫等。

25. 遮阳网密度的选择有何原则？

香菇子实体的表面色泽与光照强度关系密切，一旦因为遮阳物过密，其菌盖表面就会失去原有的褐色或棕褐色，从而呈现黄褐色，商品外观质量大打折扣。

26. 代料栽培香菇产生畸形菇的原因是什么？如何预防？

发生畸形菇的主要原因为：菌种不合格、病毒感染、品种选择不恰当、发菌管理不当、脱袋转色不合标准、菌筒浸水不适宜、控温保湿不合理。

预防措施：了解菌种特性，防止引种失误；了解菌丝成熟特征，防止盲目脱袋；掌握转色规律，防止温度失控；掌握变温原理，防止温差刺激不够；及时适量浸水，防止水量过高过低；催菇方法要适当，防止偏干偏湿；适时采收，防止过熟。

27. 香菇反季节栽培的菌袋培养需要注意哪些问题？

（1）调节温度。定期在料袋间插温度计观察堆温。发菌适宜的温度为23~25℃，高于28℃应加大通风量并同时散堆。温度低于15℃，应增温保温。

（2）通风换气。菇棚每天应通风2~3次，每次30分钟，气温高时早、晚通风，气温低时中午通风。

（3）控制湿度。发菌期间适当保持室内干燥，空气相对湿度以45%~65%为宜。空气湿度过高，容易引起杂菌感染；空气湿度过低，培养料中水分易蒸发，影响菌丝生长。

（4）光线要暗。发菌期间注意遮光，防止强光照射。弱光有利于菌丝生长。

（5）翻堆。堆垛后每隔5~7天翻垛1次，使料袋受温一致，发菌整齐。若发现有杂菌污染的料袋，应及时将其拣出。

（6）预防鼠害和虫害。防止老鼠咬破料袋，引发杂菌污染。发菌场所要经常灭鼠驱虫。

（7）移送菌袋。当菌丝长满整个料袋后，应及时将菌袋移入出菇场地，进行出菇管理。

28. 香菇反季节栽培的常用培养基配方有哪几种？

（1）杂木屑80%，麦麸17%，石膏粉1.5%，蔗糖1.5%。料与水比为1：1.25。

（2）杂木屑74.5%，磷酸二氢钾0.2%，石膏粉1.5%，麦麸17%，碳酸钙0.6%，硫酸镁0.1%，玉米粉5%，红糖1%，食盐0.1%。

（3）杂木屑77%，麦麸17%，玉米粉3%，石膏粉1.6%，蔗糖1%，过磷酸钙0.4%。

（4）杂木屑76%，磷酸二氢钾0.2%，碳酸钙0.4%，麦麸18%，玉米粉3%，石膏粉1.4%，红糖1%。

29. 香菇反季节栽培有什么优势？

香菇反季节覆土栽培，长出的香菇菇质鲜嫩，品质更优，菇盖丰厚，在市场上竞争力强，比传统的香菇栽培法可提高经济效益。

 30. 香菇反季节栽培有哪些常用的模式？

（1）工厂化反季节栽培香菇。

（2）林地与果园反季节栽培香菇。

（3）日光温室、塑料大棚内反季节栽培香菇。

 31. 香菇反季节栽培常见问题及其危害是什么？

反季节栽培自然气温对香菇子实体生长不利。因此，在生产上常误入歧途，事与愿违。香菇反季节栽培常见问题的产生原因及其危害表现如下。

（1）保护设施没跟上，菇蕾枯萎死亡。春季接种后，菌袋培养阶段气温逐步升高，菌丝生长没有问题，然而进入子实体生长阶段，正值气温最高的夏季。如果利用常规栽培的菇棚，没有增加保护设施，致使生态环境不适宜，造成脱袋后菌筒不转色，或者已经形成的菇蕾枯萎死亡。

（2）菌株温型不对，菌丝解体。反季节栽培适用的香菇菌株，必须是中温偏高型或高温型。其菌株特性是抗逆力强，能耐受限定的极高温，并能正常出菇。常因误用中温偏低或中温型菌株，结果进入夏季出菇期，菌丝经不起高温侵袭，造成萎黄松软，最后菌筒解体，子实体难以形成或长出劣质菇。

（3）菌袋培养失控，错过出菇期。反季节栽培的菌袋接种一般在1—3月进行，发菌培养2~3个月，进入5月菌袋下田，脱袋覆土出菇。有些栽培户所处的海拔较高，1—2月气温低于10℃，没采取加温措施，致使菌丝生长缓慢，当脱袋期5月已到时，菌丝吃料仅达60%，不符合下田标准，只好继续培养至6月才下田，结果错过1个月出菇期。也有的菇农提前在12月接种菌袋，长至5月菌丝上半部发生老化，也影响出菇。

（4）转色管理不合理，菌筒霉烂。菌筒在转色期需通风与保湿，通风与保湿之间有矛盾。一般误认为要通风就难以保湿，要保湿就不能通风，结果有的菇农将脱袋后的菌筒排放在畦床后，用薄膜罩得密不通风，结果发生霉烂；也有的菇农排筒后通风过度，菌筒上部干燥没有气生菌丝不能转色，便采用天天浇水，甚至浇盐水等极端措施，使菌丝受到严重伤害，导致菌筒霉烂。

（5）催蕾方法欠妥，菇质低劣。夏季鲜菇价高，有些菇农为争取快产菇、多产菇，仿照常规栽培方法进行浸筒、拍打催蕾。结果这一催，大量菇蕾发生，尽是朵小、肉薄的劣质菇，达不到优质商品菇标准。

（6）采菇不及时，产品降级。夏菇生长较快，当气温 18~28℃ 时，从菇蕾长大成开伞菇只要 3~5 个小时。而常规秋、冬菇需要 1~3 天，相差极大。菇农习惯每天上午采收，结果留在菌筒上的菇蕾到第二天已变成开伞菇，不符合保鲜出口菇的标准，只好作为普通菜菇烘干，虽然菇体重量增加 40%，但商品价格下降 50% 以上。

32. 香菇反季节栽培的菌袋排场有什么特点？

（1）瘤状隆起物占整个袋面的 2/3。
（2）手握菌袋时，瘤状物有弹性和松软感。

33. 香菇反季节栽培什么时候脱袋？

（1）菌袋出现褐色色斑。
（2）一批菌袋中，有少数已长出几只小菇。
（3）菌袋须经 80~100 天养菌，达到生理成熟。
（4）整个菌袋完成转色以及接种穴周围及整个菌袋出现不规则小泡隆起，占袋面 2/3 左右。

34. 反季节栽培香菇如何催菇？

反季节栽培香菇，菌筒转色后的催菇（催蕾）方法与常规栽培相似，首先需要温差刺激。白天盖好拱棚罩膜，午夜掀膜降温，拉大昼夜温差。人为催菇方法主要有两种。

（1）拍打催菇法。菌筒转色形成菌被后，可用竹板或塑料拖鞋底，在菌床表面上进行轻度拍打，给予振动刺激。一般在拍打 2~3 天后就大量发生菇蕾。如果转色后菇蕾已经自然发生，则不必拍打催菇。因为自然发生的香菇朵大，先后有序长出，菇质较好。一经拍打刺激后，菇蕾集中涌出，量多、个小，且采收过于集中。

（2）滴水催菇。用压力喷雾器直接往棚顶上方（内侧）薄膜喷水，使水珠往菌筒上滴，刺激菌丝。如果是小拱棚，可用喷水壶喷洒淋水刺激。但淋水后注意通风，降低湿度，使其形成干湿差。埋地菌筒能自然吸收土壤内的水分，因此不能像常规栽培一样用清水浸筒催菇。无论采取哪种方式催菇，都必须在晴天上午气温较低时进行。温度较高时强行刺激催菇，出现的菇蕾个小，且易萎缩死亡。下雨天也不宜催菇，以免烂蕾。

第二节　黑木耳

35. 什么是黑木耳？

黑木耳又称光木耳、细木耳、云耳等。野生黑木耳广泛分布于温带和亚热带，我国各地均有分布。自然条件下多于夏秋季生长在桑树、槐树、柳树、榆树、柞树等阔叶树的朽木之上。黑木耳子实体胶质，原基期为瘤状物，成熟期单生为耳状或群生成花瓣状，半透明，中心凹，背面常呈青褐色，有绒状短毛，腹面红褐色，有脉状皱纹。子实体直径 4~12cm，厚 0.8~1.2mm，干后强烈收缩为胶质状。

36. 黑木耳的营养、保健与医药价值有哪些？

黑木耳富含多种营养元素，是一种广受欢迎的传统食用胶质菌。黑木耳中粗纤维含量较高，具有清肠胃作用；黑木耳中的胶质成分有较强的吸附能力，可将人体呼吸系统的灰尘杂质吸附并排出体外，是纺织业、矿业等粉尘环境中操作工人的首选保健食品。现代科学研究表明，黑木耳具有抗凝血、抗血栓、降血脂、防治动脉粥样硬化、升高白细胞、提高免疫力、抑制过氧化物形成、延缓衰老等作用。

37. 黑木耳生长发育需要怎样的营养条件？

黑木耳的生长发育需要碳源、氮源、矿质元素以及适量的维生素。黑木耳代料栽培中依靠木屑、玉米芯、豆秸粉、棉籽壳等有机物提供碳源；依靠麦麸、米糠、豆粕、豆粉、酵母汁、蛋白胨等提供氮源。黑木耳菌丝生长所需的最适碳氮比（C/N）为（30~40）：1。黑木耳所需的大量矿质元素主要是镁、磷、钾和钙，所需微量元素主要是铁。镁的适宜浓度为 10~30mg/L，磷的适宜浓度为 100~150mg/L，钙的适宜浓度为 0.5~1mg/L。

38. 黑木耳生长发育需要怎样的环境条件？

（1）温度。黑木耳对温度的适应范围较广，菌丝对低温的耐受力很强，可耐受-30℃低温，但不耐高温，长期处于32℃以上，菌丝易老化，40℃以上易死亡，菌丝生长适宜温度范围为22~30℃。黑木耳子实体生长的适宜温度范围为20~28℃，在高温条件下，子实体生长速度加快，但耳片偏薄、颜色变浅，低温有利于培养优质子实体。

（2）水分。黑木耳在不同生长发育阶段对水分的要求不同，在菌丝定植、生长阶段，段木基质含水量以 35%～40% 为宜，代料栽培基质含水量以 60%～65% 为宜，空气相对湿度保持在 70% 以下。在子实体形成和发育阶段除了保持一定的基质含水量外，还需要较高的空气相对湿度，且要求干湿交替，长期干燥或湿度持续过大对木耳生长均不利。

（3）光线。光对黑木耳从营养生长转向生殖生长具有十分重要的作用，在菌丝生长过程中遇到较强的光照刺激，会使菌丝集聚而形成褐色的胶状物，或过早形成原基，并分泌色素，导致无法正常出耳或严重减产。因此，黑木耳菌丝培养应在黑暗环境中进行。当菌丝充分后熟之后，给予大量散射光及一定的直射光刺激，才能诱导原基和耳芽在刺孔处大量形成。光照对黑木耳子实体色泽和品质也有重要影响，在光照强度 300～1 000Lx 下才能形成正常的深黄褐色。光照过弱，耳片易呈淡黄色，甚至白色，耳片偏小偏薄，品质下降。

（4）空气。黑木耳是好气性真菌，对二氧化碳敏感。当空气中二氧化碳浓度超过 1% 时，会阻碍菌丝体生长，子实体畸形呈珊瑚状，二氧化碳浓度超过 5%，就会导致子实体死亡。制袋时培养料含水量不宜过高，装料不宜太紧，培养室应定期通风；子实体生长发育过程中，栽培场地应保持空气流通，以保证有充分的氧气供应。

（5）酸碱度。黑木耳喜欢微酸性的环境，在 pH 值 4～7 范围内菌丝都能正常生长，最适宜 pH 值 5～6.6。段木栽培一般不考虑耳木 pH 值，但应注意喷洒用水的 pH 值。在代料栽培中适当添加石灰、碳酸钙等调整培养基质 pH 值，并缓冲培养基在灭菌前后及菌丝生长过程中的 pH 值变化。

39. 代料栽培黑木耳的主要原料和配方有哪些？

代料栽培黑木耳的原料主要有阔叶树木屑、棉籽壳、玉米芯、糖渣、菌渣、稻草、甘蔗渣等，可根据当地资源就地取材。配制培养基时除上述主料外还常添加辅料，如石灰、石膏、麦麸、米糠、糖等。黑木耳常用栽培配方如下。

（1）木屑 77%，麦麸或米糠 20%，轻质碳酸钙 1%，石膏粉 1%，蔗糖 1%。

（2）玉米芯颗粒 72%，棉籽壳 20%，麦麸 5%，蔗糖 1%，轻质碳酸钙 1%，石膏粉 1%。

（3）木屑 40%，棉籽壳 30%，玉米芯颗粒 20%，米糠 8%，石膏 1%，尿素 0.5%，过磷酸钙 0.5%。

40. 黑木耳代料栽培主要方式是什么？

目前，黑木耳代料栽培以熟料袋栽为主。可在室内或室外进行，室内以大棚吊袋栽培为主，室外既可露地栽培，也可林下栽培或和其他作物套种。菌袋一般选用规格为 17cm×33cm×0.004cm 的聚丙烯或耐高温低压聚乙烯折角筒袋。常规装料灭菌即可。

41. 如何安排代料栽培黑木耳的生产日程？

我国南北各地气候差异较大，各地可结合当地气候条件选择适宜的出耳季节，并根据菌种形式（液体种或固体种）、栽培基质、菌丝生长所需时间，确定制种、制袋日期。随着液体菌种发酵生产工艺的成熟完善以及菌包生产设施机械化、自动化程度的提高，黑木耳生产逐渐由全程分散生产转向规模化集中生产菌包、分散养菌出耳的模式。规模化生产操作更加规范，基质更加均一稳定、菌包标准化程度更高，污染率降低，菌包成品率和质量大幅提高，并节约了人力、物力。菇农可以方便地根据需要订购菌包，安排出耳生产。

42. 如何选择黑木耳品种？

黑木耳品种选择除考虑品种自身是否具有高产、优质、抗病虫特性外，还应综合考虑市场需求、本地气候特点、栽培方式、培养基质等条件，选择适宜的优良品种。黑木耳栽培有大孔出耳和小孔出耳两种方式。大孔出耳生产的木耳根部多呈疙瘩状，采摘晾晒时需要削根、掰片处理。小孔出耳多为单片耳、无根、肉厚、色黑。黑木耳品种根据子实体朵形可分为菊花状、半菊花状和单片耳。多数菊花状品种即使采用小孔出耳方式，子实体也易连片成朵，难以生产单片耳。因此采用小孔栽培时要选用适合小孔栽培的品种；大孔出耳可选用菊花状或半菊花状品种。

43. 黑木耳如何划口、催芽？

黑木耳代料栽培通常采用划口定位出菇、集中催芽的方式进行。菌袋划口的方式较多，一般可分为大口和小口（孔）两种方式。大口可采用"V"形人工或机械划口，"V"形边长 2.5~3cm，每袋割 12~15 个口，大口多用于生产朵形较大的大片木耳。小口（孔）径一般为 0.5cm，深 1cm，孔间距 2cm，每袋割 120~200 个口，小口多用于生产单片耳。

催芽：为使催芽整齐，便于后期管理，常采用集中催芽方式进行催芽。将已划口的菌袋直立摆放在耳床上，袋间距 2~3cm，上面适当覆盖薄膜、草苫等进行保温保湿。光照和温差刺激有利于黑木耳原基分化和耳芽形成，因此集中催芽期应使荫棚中有散射光透入，适当揭膜通风使棚内空气清新，并形成一定的温差，集中催芽的第 1~3 天，温度以维持在 18~22℃为宜；第 4~7 天温度应保持在 18~20℃，相对湿度以 85%~90%为宜，可用喷雾器在架床四周及空间进行喷雾，不能往菌袋划口上直接喷水。经过 15~20 天的培养，在打孔处形成耳芽。

44. 如何进行黑木耳出耳期管理？

黑木耳出耳期管理主要是协调温、光、水、气的关系，其中以水分管理为主。黑木耳出耳阶段温度控制为 15~25℃，适当增加昼夜温差。适当增加散射光并延长光照时间，光照控制为 300~1 000Lx。菌袋摆放密度不可过大，以免子实体粘连和影响通风换气。耳芽初现时，菌袋不须浇水，采取空间喷雾保持空气相对湿度在 80%~90%即可。随着耳芽长大，需适当浇水。耳片生长期水分管理原则是"干湿交替、大干大湿"。可采用微喷系统根据出耳需要进行定时定量均匀喷水，以节省人力。

第三节　平　菇

45. 什么是平菇？

平菇又称侧耳。平菇原指糙皮侧耳，也可将侧耳属中一些常见种统称为平菇。平菇的子实体肥大厚实，营养非常丰富，也是大多数人喜爱的菌种。

46. 如何选择平菇栽培品种？

我国地域辽阔，平菇的种质资源非常丰富，各种温型的平菇品种都比较多。栽培过程中应根据不同的季节和设施条件选择不同温型的品种，夏季高温季节应选中温和高温型品种，春秋季种植应选中温和低温型品种。温型选择合理，出菇期长，出菇潮次数多，产量高。

47. 哪些原料可以栽培平菇？

栽培平菇的主要原料有棉籽壳、玉米芯、木屑、农作物秸秆等。辅料有米糠、麦麸、豆饼粉、玉米面等富含氮的有机物，以及生石灰、石膏粉、轻质碳酸钙、过磷酸钙、磷酸二氢钾等无机矿物质。

48. 平菇生长的适宜温度是多少？

平菇是一种变温结实性菌类，昼夜温差为8~12℃对子实体原基形成具有促进作用。菌丝生长温度范围为2~40℃，15℃以下生长缓慢，最适温度范围为22~26℃。高温型平菇子实体形成温度为16~37℃，适温为24~28℃；中温型平菇子实体形成温度为5~28℃，适温为15~25℃；低温型平菇子实体形成的温度范围为4~25℃，适温为10~18℃；广温型平菇子实体形成温度为4~35℃，最适温度为12~26℃。

49. 平菇生长所需要的培养料水分和空气湿度是多少？

制作平菇菌包的培养料含水量宜控制为60%~67%，含水量过大，培养料透气性差，菌丝呼吸、代谢作用受阻，菌丝长势弱，且易遭受杂菌污染，培养料含水量过低也不利于菌丝生长。子实体生长所需要的适宜空气相对湿度为85%~90%。当空气相对湿度低于50%时，幼菇很快干枯，超过95%时，易感染杂菌。

50. 平菇生长对空气的需求如何？

平菇为好气性真菌。菌丝可在半嫌气条件下生长，但子实体发育阶段需要充足的氧气条件，通气不畅不能形成子实体，通气条件差时，只形成菌蕾不长菇，或是菌柄基部粗，上部细长，菌盖薄小，有瘤状凸起，畸形，严重时造成窒息死亡。

51. 平菇生长对光照条件有何要求？

光线对菌丝生长具有抑制作用，因此菌丝培养阶段需要暗光培养；而平菇原基分化需要一定强度的散射光诱导，在子实体生长发育阶段一定的散射光线可促进子实体正常发育，平菇子实体正常发育需要的光照强度为200~1 000Lx。

52. 平菇生长对培养料中的酸碱度有何要求？

平菇生长适宜的 pH 值为 5.5~6.5，由于培养料在灭菌或堆积发酵过程中，pH 值有下降趋势，因此配料时可适当偏碱些，一般培养料 pH 值为 8.0

左右。

53. 哪些设施可用于平菇栽培？

各种塑料大棚、温室、林地拱棚、菌菜双面棚、闲置房棚及通气条件良好的人防工程设施等均可用于平菇栽培。菇房应利于保温、保湿、通风、防雨、遮阳、密封性好，并利用草帘、遮阳网、草苫等调节温度和光线。菇房内可架设喷淋设施保湿降温。有条件情况下在菇房两头分别安装风机和湿帘，可起到降温、通风和保湿作用。

54. 如何安排平菇栽培的季节？

平菇品种多，有适合于不同温度范围的品种，可结合不同的设施，选用不同的品种，控制适宜的条件，进行周年化生产。早秋栽培一般安排在 8 月下旬，选用广温型品种，采用发酵料栽培；9—11 月是平菇栽培的黄金季节，温度最为适宜，一般选用广温、中低温或低温型品种进行发酵料或生料栽培；1—2 月选用中高温型品种进行发酵料栽培，春季出菇；4 月以后可以采用高温型品种进行发酵料或熟料栽培，夏季出菇。

55. 平菇栽培的适宜培养料配方有哪些？

熟料栽培配方如下。
（1）棉籽壳 96%，石灰 2%，石膏 2%，水适量。
（2）玉米芯 90%，豆粕 6%，磷酸氢二铵 1%，尿素 0.5%，生石灰 2.5%。
（3）木糖醇渣 85%，棉籽粕 3%，麦麸 8%，磷酸氢二铵 1%，尿素 0.5%，生石灰 2.5%。
（4）玉米芯 50%，木屑 22%，麦麸 20%，豆粕 5%，生石灰 3%。
发酵料栽培配方如下。
（1）玉米芯 90%，豆粕 3%，磷酸氢二铵 1%，尿素 1%，石灰 5%。
（2）玉米芯 43%，木糖醇渣 40%，麦麸 10%，豆粕 3.5%，尿素 0.5%，石灰 3%。

56. 平菇发酵料栽培的培养料如何制备？

按照配方的比例称取原料，拌料至培养料含水量达 65% 左右。将培养料堆制成高 1.0~1.2m、宽 1.5~2.0m、长度不限的料堆。建堆后用直径 5cm 的木棒从堆顶直达堆底均匀的打通气孔，孔距 50cm。当料温达到 65℃时进行第一次翻堆，以后每隔 2~3 天翻 1 次，共翻 2~3 次，并补足水分。发酵结束后散堆降温，并调整 pH 值为 7~8。培养料发酵后呈黄褐色至深褐色，并含有大量的放线菌菌丝，具有特殊的香味，含水量在 65% 左右，手感料软且松散，不发黏。发酵料栽培可选用 47cm×27cm 的聚乙烯袋，先将袋的一头扎紧，然后装料，边装边压，用手压时只按袋壁四周压紧，中央稍压，使其四周紧中间松，两头紧中间松，装至离袋口 8~10cm 处压平料面，再用绳子扎紧，最后擦去粘在袋上的培养料。

57. 平菇熟料栽培的培养料如何制备？

按照配方比例称取清水和原料，因为棉籽壳、玉米芯、木屑、秸秆较难吸水，开始拌料时，水分适当大一些，混合均匀后堆闷 12~18 小时，培养料含水量达到手握有水渗出但不下滴为宜。

熟料栽培选用规格为（20~24）cm×（38~45）cm 耐高温的低压聚乙烯或耐高温高压的聚丙烯塑料袋，采用机械或人工装袋。人工装袋时，装料松紧一致，手按料袋有弹性，装至距袋口 7~9cm 时，将料面压平，用线绳扎紧。装袋后 4 小时内进锅灭菌，避免培养料发酸变质，经常压或高压蒸汽灭菌。常压蒸汽灭菌时，应使灶内温度快速达到 100℃，并保持 12~15 小时，停止加热后再利用余热闷锅 8 小时，出锅后的料袋温度降到 28℃ 以下时，及时接种。

58. 平菇的发菌期如何管理？

平菇发菌期主要是控制好发菌温度和通风。暗光条件下培养，保持空气相对湿度在 70% 以下，并经常通风换气，保持空气新鲜。平菇菌丝生长最适温度为 22~25℃，发菌温度以低于最适温度 2~3℃ 为宜。培养温度可通过菌袋堆叠密度和高度来调节，气温超过 28℃ 时菌袋宜单层排放到地面，并采取降温措施。在低温季节发菌，可以通过增加菌袋堆放的高度和密度，并加盖覆盖物，来提高菌袋内培养料的温度。

接种后 2~3 天即可看到菌丝从菌种块上萌发，为使发菌均匀，5 天后应进行翻堆，将上下层菌袋互换位置，使料温保持均衡，发现污染或菌丝不萌发吃料的应及时拣出处理。用玉米芯为原料时，发菌期间要减少翻堆次数，以免菌丝断裂。装袋时没有刺孔的料袋，在菌袋培养期间，应进行刺孔通气，促进菌丝生长。可以用牙签或毛衣针刺孔，一般刺在发育好的菌丝顶端后 1cm 处。一般每圈等距离打 5~6 个孔，孔深 3cm 左右。一般经过 20~30 天菌丝即可长满袋。

59. 平菇的出菇期如何管理？

（1）头潮菇的出菇管理。正常情况下，菌袋培养 25~35 天时，菌丝达到生理成熟。菌丝吐黄水，表明出菇时机已到，应安排出菇。解掉栽培袋的扎绳，将两端的塑料膜卷起，露出料面。根据品种的温型和季节气温调节适宜的菇棚温度范围，控制棚温适度偏低勿高，可保持一定的昼夜温差，要注意控制菌墙内部菌料的温度不能过高，一般应控制在 26℃ 以下，喷水应注意勤喷、轻喷、细喷，喷头向上，不宜向幼蕾直接喷水和在菇体上多喷水，使空气相对湿度达到 85%~95%，加强通风换气，同时应给予散射光照。随着子实体的增大增多，每天要加大通风量及多次喷浇水。当子实体进入成熟期，还没有弹射孢子时采收。

（2）后潮菇的管理。第一潮菇不须向袋料内补水就可正常出菇。第二潮出菇时，由于袋内失水，应采取补水措施。使用专用的补水器进行补水，控制补水时间以免涨袋。补水后进行适当通风、菌丝恢复和温差刺激，几天后会长出第二潮菇。然后按第一潮菇管理方法进行子实体生长管理。一般管理较好的平菇能够出菇 4~6 潮。

第四节　双孢蘑菇

60. 什么是双孢蘑菇？

双孢蘑菇又称白蘑菇、蘑菇、洋蘑菇，欧洲和美国的生产商常常把这种蘑菇称为普通栽培蘑菇或纽扣蘑菇。双孢蘑菇是一种世界性栽培和消费食用的菇类，被称为"世界菇"。

61. 双孢蘑菇具有哪些营养成分和药用价值？

每 100g 鲜双孢蘑菇中约含有蛋白质 3.7g、纤维素 0.8g、糖 3.0g、脂肪 0.2g、磷 110mg、钙 9mg、铁 0.6mg。双孢蘑菇中含有多种氨基酸、核苷酸和维生素等。双孢蘑菇中含有的酪氨酸酶具有降低血压的作用，醌类多糖与巯基结合，可抑制脱氧核糖核酸的合成，有抑制肿瘤细胞活性的作用。

62. 双孢蘑菇的生长条件是什么？

（1）温度。在 5~33℃ 菌丝生长温度范围内，菌丝的最佳生长温度为 22~

24℃。子实体生长温度范围为4~23℃，最适生长温度为13~16℃。当温度超过19℃时，子实体生长迅速，菇柄细长，菌肉疏松，伞小而薄，容易开伞；当温度低于12℃时，子实体生长缓慢，菌盖大而厚，菌肉紧密，品质好，不容易开伞。发育期的子实体对温度非常敏感。菇蕾形成后至幼菇期遇突然高温可成批死亡。故菇蕾形成期需特别注意温度，严防突然升温，幼菇生长期温度不得超过18℃。

（2）湿度。在菌丝生长阶段，其含水量范围为60%~63%，子实体生长阶段含水量为65%左右。覆土层含水量为50%左右。传统开架式发菌栽培模式下，对大气相对湿度要求较高，应为80%~85%，否则料表面就会干燥，菌丝不能向上生长，而薄膜覆盖发菌栽培模式下则要求大气相对湿度要低些，应为75%以下，否则容易受到杂菌的污染。子实体生长发育期间大气相对湿度要求较高，一般为85%~90%，但也不宜过高，如长时间超过95%，极易发生病虫害。

（3）酸碱度。双孢蘑菇在偏碱性的条件下生长较好，pH值以7.0左右为最佳。双孢蘑菇菌丝在生长代谢过程中会产生大量有机酸，应将培养料和覆土的pH值控制为7.5~8.0。一次性发酵的基料可掌握pH值在9及以下水平，不能低于7。二次发酵的基料pH值可掌握为9~9.5，不能高于10也不能低于8。

（4）空气。双孢蘑菇为好氧真菌，在菌丝生长期间，二氧化碳浓度以0.1%~0.5%为宜。子实体生长发育需要充足的氧气，此时应通风良好，二氧化碳应控制为0.1%以下。

（5）光照。双孢蘑菇菌丝和子实体的生长都不需要光照，在光照过多的环境下菌盖不再洁白，而发黄则影响商品的品质。因此，在双孢蘑菇栽培的各个阶段都要注意光照强度的控制。

63. 什么是一次发酵？

一次发酵，是与二次发酵技术相比的一种操作简单的基料处理方法，该配方中的原辅料可在室外发酵后直接用于播种栽培，即一次性完成。适合不具备二次发酵处理的广大散户菇民以及合作社等企业，生产单位或有较大连片栽培面积的稍具规模的企业不宜采用该技术。

64. 什么是二次发酵？

二次发酵将基料的发酵过程分为室外自然发酵和室（棚）内控制发酵两

个阶段。栽培基料在室外按一次性发酵方式进行约 15 天的发酵处理后，携带大量病虫杂菌可不必处理即可将基料移入棚内（室内）进行第二次强制发酵处理，经过快速升温、均衡保温以及快速降温等技术措施后，整个二次发酵操作过程就完成，即可进行播种。就目前的技术水平来看，二次发酵是国内外普遍采用的技术手段，可预防病虫杂菌，有效提高基料营养转化率，提高双孢蘑菇产量，都有一次发酵技术难以达到的生产效果，值得推广。

65. 什么季节适宜栽培双孢蘑菇？

双孢蘑菇属于中低温结实性菌类，子实体生长的最适温度为 16℃，菌丝体萌发的最适温度是 23℃左右。适合于在 8 月上中旬安排建堆发酵。根据当地昼夜平均气温稳定为 20~24℃、35 天左右平均下降 5℃的秋季多为播种期。

66. 双孢蘑菇栽培基质常用配方有哪些？

（1）干牛粪 1 200kg，稻草 750kg，麦秸 1 250kg，菜籽饼（或棉籽饼、豆饼、花生饼）250kg，过磷酸钙 35kg，尿素 20kg，石灰粉 30kg，石膏粉 30kg，水适量。

（2）麦秸 1 500kg，稻草 900kg，干牛粪 1 500kg，鸡粪 300kg，饼肥 200kg，过磷酸钙 40kg，尿素 20kg，石灰 50kg，石膏 70kg，水适量。

（3）稻草 1 000kg，麦秸 1 500kg，干牛粪 950kg，饼肥 250kg，硫酸铵 25kg，石灰 30kg，石膏 40kg，过磷酸钙 40kg，水适量。

（4）麦秸 3 000kg，干牛粪 2 000kg，饼肥 120kg，尿素 12kg，硫酸铵 12kg，过磷酸钙 50kg，石膏 70kg，石灰 35kg，水适量。

67. 双孢蘑菇栽培料薄好还是厚好？

双孢蘑菇栽培料的厚薄影响产量的高低。一般来说，铺料厚度为 30~40cm，料厚度大，营养充足，出菇早、转潮快、产量高；料偏薄时，菇的潮次少，转潮期拉长，菇易早衰，菇体细小，产量低下。但是铺料的厚度应与发菌期的温度和出菇时间同时考虑，例如在温度较高的 8 月初播种和发菌，为了防止菌床上的菌丝生长时产生的温度不易下降，环境温度偏高造成烧菌，所以培养料应铺薄些，以 25~30cm 为宜，如菇棚温度偏低，并在低温期出菇时间长，料就应铺厚些，以铺 35~45cm 为宜。

68. 双孢蘑菇发菌期间如何管理？

注意通风和保湿。覆土后第二天开始调水，反复用喷雾器轻喷、勤喷调水
2~3天，棚内相对湿度保持在85%~90%；3~4天后菌丝定植，逐渐加大通风
量；7~10天后菌丝封面，昼夜加大通风，将菇棚（房）的湿度降低到
75%~80%。

69. 菌种萌发后不吃料的原因是什么？

(1) 培养料含水量不足，空气湿度过大。
(2) 培养料偏酸（pH值小于6.5）。
(3) 营养成分比例不合理。
(4) 氨气浓度过高。
(5) 有其他病害。

70. 菌丝长势不旺的原因是什么？

(1) 培养料配比不合理，营养成分不足。
(2) 湿度、温度不适宜，通风和透气条件差。

71. 菌丝消失的原因是什么？

(1) 有螨虫。
(2) 菇床覆土后，浇水量过大。

72. 菌丝徒长的常见原因是什么？

(1) 培养料含氮量过高或腐熟过度。
(2) 发菌期间环境高温、高湿，且通风透气不良，二氧化碳浓度偏高。
(3) 覆土后湿度偏大，通风不良。

73. 死菇的原因有哪些？

(1) 菇蕾密度过大，营养不足；菇蕾米粒大小时，喷水过多；环境高温
高湿，二氧化碳浓度过高，导致幼菇缺氧；覆土层含水量过小；低温季节喷水
量过多，导致菇体水肿黄化，溃烂死亡。
(2) 双孢蘑菇采收时，工人采收时不小心导致周围小菇受到碰撞而造成

损伤；小菇生长过程中温差过大。

(3) 有害病原微生物侵染及害虫危害；农药使用不当造成。

74. 为什么菇体会提前开伞？

(1) 环境温度偏低，空气干燥，覆土层水分不足，使幼菇提前开伞；气温下降后又迅速回升，使幼菇难以适应，菇盖部分生长过快，迫使菇体提早开伞。

(2) 空气湿度过高，覆土层湿度过低，使子实体发育失调；培养料的养分供应不足；幼菇密度过大。

75. 怎样进行温差刺激？

午后高温时段，应适当进行升温调节，达到催蕾温度的最高限值后，立即停止，进入保温阶段，夜间如无特殊恶劣天气时，可打开通风孔使室（棚）温尽量降低，达到要求的底线时立即停止。

76. 秋菇如何管理？

(1) 水分管理。秋菇前期，喷水的基本原则是一潮菇喷 2 次水。采菇前后不要喷水以免影响双孢蘑菇的采收质量和下一潮菇的形成。秋菇后期，气温逐渐下降，出菇量逐渐减少，每平方米喷水 0.5kg。

(2) 温度管理。秋菇前、后期温度在高于 18℃ 或低于 12℃ 时，应采取有效措施降温和保温。

(3) 注意通风换气。维持菇房内的温度和湿度。

(4) 挑根补土。在秋菇期间，为防止其他杂菌的侵染和害虫的滋生，应及时剔除干枯变黄的老根和死菇，挑根后及时补土。

77. 冬菇如何管理？

(1) 水分管理。当温度低于 5℃，床面喷水量应减少，每隔 7 天喷水 1~2 次，降低上层湿度，既能保证自然出菇，又能安全地进入冬季"休眠"。

(2) 通风换气。

(3) 松土、除根喷发菌水。冬季后期，松土除根后，需及时补充发菌水，用量 3kg/m²，1 天喷水 1~2 次。喷水后要适当通风，避免上层水分蒸发。

78. 春菇如何管理？

（1）水分管理。春菇前期应勤喷轻喷水，日喷水 $0.5kg/m^2$，随着温度的升高，喷水量应逐渐增加。

（2）温度、湿度及通风换气的调节。春菇管理应以保温保湿为主，有利于双孢蘑菇的生长，并注意风向，以免土层水分蒸发。

79. 采菇前需要做哪些准备工作？

（1）停止喷水，并进行适当的通风，使子实体表面的含水率降至适当的水平。

（2）对采收工具进行擦洗。

（3）佩戴乳胶手套，以免在菌盖部位留下手印。

80. 采菇后需要做哪些工作？

（1）采菇后随即清理料面，包括死蕾、菇脚、带出的老菌索等，然后填土、整平料面。

（2）菇棚卫生的清理。

（3）灌水、封闭菇棚。

81. 收获一潮菇后如何补水？

在采收完菇后菌丝体"休养生息"阶段后、出菇前，一次性补足为好。双孢蘑菇给水要集中，此后最多就是保持空气湿度，不允许再往料面打水。

82. 常见病、虫害及杂菌有哪些以及如何防治？

（1）双孢蘑菇常见的病害有褐斑病、褐腐病、软腐病、菇脚粗糙病、猝倒病等。其防治方法是进行二次发酵，对覆土进行严格消毒，加强通风，发现病菇应立即拔除埋掉。

（2）常见虫害有螨类、菇蝇、菇蚊、线虫等。其防治方法是对菇房、床架、培养料和覆土进行严格消毒，喷洒洁净水，在菇房门窗安装纱网，以防成虫进入产卵。对菇蝇、菇蚊利用黑光灯诱杀成虫。螨类可用烧香的骨头进行诱杀。

（3）常见的杂菌有胡桃肉状杂菌、绿霉、白色石膏霉、鬼伞等。其防治方法是剔除、销毁，撒上石灰粉，补上新菌种或新材料，加强通风，以利于出菇及其生长发育。

 83. 常见的生理性病害有哪些以及如何防治？

常见的生理性病害有地雷菇、薄皮菇、死菇、畸形菇等。其防治方法是覆土适中，加强菇房通风，降低温度，控制用水，追施肥料，出菇期间严禁用药。

第五节　金针菇

 84. 什么是金针菇？

金针菇中文学名毛柄金钱菌，俗称构菌、朴菇、冬菇等。野生金针菇在世界各地分布广泛，亚洲、欧洲、北美洲、澳大利亚等地均有野生分布。金针菇属木材腐生菌，野生状态下常生长在构树、柳树、榆树、朴树、白杨树等阔叶树的枯干及树桩上。金针菇子实体丛生，菌盖幼小时为球形至半球形，逐渐展开后呈扁平状，表面有胶质，湿时黏滑，干燥时有光泽，菌盖白色或淡黄色，自然条件下菌盖直径 2~10cm。菌肉白色，中央厚，边缘薄。菌柄圆柱形，中空，自然条件下一般长 5~8cm，直径 0.5~0.8cm，淡黄色，下半部褐色，有短绒毛。担孢子在显微镜下无色，椭圆形或卵形，(5~7) μm×(3~4) μm，孢子印白色。人工栽培条件下，金针菇菌柄明显变细长，菌盖较小，脆嫩，白色或淡黄色，绒毛少或无。

 85. 金针菇有哪些营养与食药用价值？

金针菇菌柄脆嫩、菌盖滑爽、口味鲜美。金针菇氨基酸含量非常丰富，干菇中所含氨基酸的总量达20.9g/100g，其中人体所必需的8种氨基酸占氨基酸总量的 44.5%，尤其是赖氨酸和精氨酸含量分别高达 1.02g/100g 和1.23g/100g。赖氨酸具有促进儿童智力发育的功能，故金针菇被称为"增智菇"。经常食用金针菇可预防高血压，对肝脏疾病及肠胃溃疡也有辅助治疗作用。

 86. 金针菇生长发育需要怎样的营养条件？

金针菇的生长发育需要碳源、氮源、矿质元素及适量的维生素等。金针菇既可吸收利用葡萄糖、蔗糖等简单碳源，也可分解利用淀粉、纤维素、木质素等复杂碳源。代料栽培中依靠木屑、玉米芯、豆秸、棉籽壳、酒糟等提供碳源。金针菇能够以蛋白质、氨基酸、尿素、铵盐等作为氮源，以有机氮为最好，代料栽培中一般在培养料中添加麦麸、米糠、豆粕、豆粉等，以满足对氮素营养的需要。菌丝生长所需的最适碳氮比为 30：1。在培养料中一般添加 0.1%~0.2% 磷酸二氢钾、1% 轻质碳酸钙等，以满足对钾、钙、磷等元素的需要。麦麸或米糠等原料中含有丰富的维生素，一般不需在培养料中额外添加维生素。

 87. 金针菇生长发育需要怎样的环境条件？

（1）温度。金针菇属于低温结实类菇类，原基形成不需要温差刺激。菌丝在 5~34℃ 均能生长，最适生长温度 20~22℃。菌丝耐低温能力强，在 -20℃ 经 130 天仍能存活；菌丝耐高温能力弱，32℃ 时即停止生长，超过 35℃ 菌丝易死亡。温度偏高时，菌丝长势弱，易形成粉孢子。子实体形成温度为 5~20℃，生长最适温度为 5~12℃。

（2）水分和空气相对湿度。菌丝生长和子实体发育阶段培养料含水量均以 60%~65% 为宜。菌丝培养阶段空气相对湿度应保持为 50%~70%，原基形成阶段应保持为 80%~85%，子实体发育阶段应保持为 85%~95%。

（3）空气。金针菇属于好气性菌类，各生长发育阶段均需要足够的氧气才能正常发育。但人工栽培中为了促使菌柄伸长、抑制菌盖开伞，需适当提高二氧化碳浓度。

（4）光照。金针菇菌丝生长阶段不需要光照刺激，且光照会诱导原基过早形成，降低产量和品质。原基分化和子实体生长需要弱散射光，光线过强菌盖易开伞。

（5）酸碱度。金针菇菌丝在 pH 值 4~8 范围内均能生长，最适 pH 值为 6~7。配制培养料时，常添加适量轻质碳酸钙、贝壳粉调节培养料 pH 值。

 88. 金针菇不同色系品种有何特点？

金针菇根据子实体色泽，可以分为黄色品系、纯白色品系和黄白色品系。黄色品系菌盖为金黄色至黄褐色，菌柄上部颜色浅，为白色至浅黄色，菌柄基部颜色较深，为浅褐色至暗褐色，菇体颜色随光照增强而加深，出菇整齐度稍差，适合多潮次采收。金针菇白色品系子实体通体洁白，对光线不敏感，菌盖内卷，不易开伞，出菇整齐，适合工厂化瓶栽，一次性采收。黄白色品系，为黄色品系与白色品系的杂交种，菌盖浅黄色，菌柄上中部白色，菌柄根部白色至浅黄色或浅褐色，出菇整齐，头潮菇产量较高。

 89. 金针菇常见栽培方式有哪几种？

按栽培容器分，金针菇主要有瓶栽和袋栽两种栽培方式。栽培场地包括简易保温大棚、人工智能菇房、山洞、人防工事等，既可因陋就简，利用自然气温进行季节性栽培，也可在智能菇房中进行周年化生产。金针菇是目前我国工厂化栽培技术最为成熟的菇种，工厂化生产规模已占总产量的60%以上，工厂化生产品种以白色品系为主，栽培容器多采用容量为1 100~1 300mL、口径80mm的透明塑料瓶，液体菌种定量接种，智能控温、控湿菇房养菌、出菇管理，生产周期52~55天，生物转化率随栽培基质、管理技术不同，在100%~150%浮动。金针菇工厂化生产自动化程度较高，从培养料搅拌、配制、装瓶、灭菌、接种、搔菌、采收到掏瓶基本实现机械化、自动化操作，大幅降低人工成本、劳动强度，产品标准化程度较高。

 90. 金针菇菌种生产应注意什么问题？

食用菌菌种与植物等的种子不同，其基因稳定性不强，菌种易发生基因突变。金针菇母种多通过引进和组织分离获得，这类菌种在经过多次传代后，会出现基因突变的积累，表现在粉孢子增多、出菇期明显推迟、成菇率低、出菇整齐度下降、产量降低等退化现象，直接影响出菇品质和产量，在大规模生产时，风险极大，为了保持生产的稳定，需不断引进更新菌种。金针菇菌种退化的原因较多，一般认为粉孢子的形成是菌种退化的主要原因。金针菇菌丝生长的温度适应范围较广，在低温下也不会停止生长，但环境稍有变动就会产生粉孢子。为防止粉孢子形成，延缓菌种退化速度，菌种培养时应尽可能保持环境条件尤其是温度的稳定性。金针菇菌种生产的程序是继代培养、扩大培养（平板接种）、三角瓶和发酵罐培养。金针菇菌种制作可采用多支路继代培养平行操作，经常确认比较菌丝和出菇状态，及时淘汰出现菌丝发黄、徒长、角变、生长变缓、粉孢子增多等退化现象的异常菌株，选择长势最稳定的菌株进行传代使用。所有的菌种都要在菌丝生长期内使用，不能在老化期，以尽量避免粉孢子混入。

 91. 金针菇代料栽培常用原料和配方有哪些？

金针菇属于木腐菌，可分解利用多种工农业生产下脚料，代料栽培常用配方如下。

（1）棉籽壳 78%，麦麸或米糠 20%，糖 1%，磷酸钙 1%。含水量 68%。

（2）玉米芯粉 78%，麦麸或米糠 20%，石膏粉 1%，糖 1%。含水量 68%。

（3）玉米芯 35%，麦麸 8%，米糠 36%，棉籽壳 5%，甜菜渣 5%，大豆皮 5%，啤酒渣 4%，贝壳粉 2%。含水量 68%。

92. 金针菇栽培瓶制作应注意什么问题？

制作优质合格的栽培瓶是金针菇生产的基础。目前金针菇工厂化生产在栽培瓶制作中应注意以下几个问题。

（1）培养基发酵。装瓶、灭菌不及时易造成拌料后、灭菌前培养基发酵，即使随后高温灭菌将有害菌杀死，但其代谢产物仍会残留。因此为了防止培养基发酵，需要缩短原材料搅拌时间，尤其是应尽可能缩短加水后搅拌的时间；制订严格、精细的生产计划，当日拌料、当日装瓶、当日灭菌，避免培养基剩余。

（2）灭菌不匀。采用抽真空高压灭菌方式对于缩短灭菌时间非常有效，但操作不当，会使锅内局部残留气体，从而造成灭菌不均匀。有效灭菌时间要以培养基内达到目标温度为准，一般培养基温度常压灭菌需保持 100℃ 以上 4 小时，高压灭菌需 120℃ 以上保持 1~1.5 小时。要注意锅内排气问题，后期从培养基内流出的气体，会致使锅内局部残留空气，而残留空气具有隔热性，是灭菌不均匀、不彻底的重要原因，因此采用抽真空灭菌须特别注意抽真空的次数与时间；灭菌时还需注意蒸汽质量，通常蒸汽压力需控制为 $1.4~1.5 kg/cm^2$。

（3）倒吸冷气造成污染。栽培瓶灭菌完成后需要放冷，冷气倒吸易造成培养基感染杂菌，这是工厂化栽培食用菌中极易出现的问题。为了避免倒吸污染需注意以下几个方面：一是灭菌锅温度降至 75~80℃ 时抢温出锅。二是灭菌设备采用一进一出两个门，搬出路径设计合理、避开备料室，保持洁净并充分消毒。三是冷却室内安装除尘过滤器，使洁净度达到 1 万级以内，人员进出冷却室必须穿无菌衣，保持冷却室内洁净。四是利用冷却设备将栽培瓶快速冷却至适宜的接种温度。

93. 金针菇栽培为什么要搔菌？怎样搔菌？

金针菇栽培中搔菌的目的是抑制气生菌丝，促使基内菌丝体由营养生长过渡到生殖生长，并使现蕾整齐一致，以利于栽培管理。当栽培瓶菌丝发满后，去掉瓶盖，用干净消毒后的搔菌刀搔去料面 5~6mm 的老菌种和菌丝，并用洁净水冲洗料面，以补充水分、平整料面，然后移入催菌室催蕾。

94. 金针菇发菌管理有哪些注意事项？

金针菇工厂化栽培一般设有专门的发菌室，栽培瓶接种后移入发菌室进行菌丝培养。为了提高空间利用率，发菌室菌瓶堆放密度通常较高。若通风不良，发菌过程中，菌丝生长进行呼吸作用容易产生大量热量及二氧化碳，如果无法排出，会造成二氧化碳积累，温度升高，温度不匀，局部过高，进而影响菌丝生长。因此为了保持良好的空气流动和便于温度控制，应适度控制培养室菌瓶堆放密度，比较适宜的堆放密度为 450~500 瓶/m²。发菌过程中菌丝呼吸会产生大量热量，使菌瓶内料温高于室温，所以一般将室温控制在比菌丝生长适宜温度低 3~4℃。不同发菌阶段菌丝呼吸强度不同，一般发菌初期菌丝生长点少，呼吸作用弱，通风换气次数及时间可相对减少；而中后期，随生长旺盛呼吸作用增强以及菌丝绝对数量的增加，热量及二氧化碳排出量均较前期升高，需适当增加通排风次数与时间，将培养室的二氧化碳浓度保持为 0.3%~0.4%。发菌过程中无须光照，可黑暗培养，空气相对湿度应控制为 60%~70%。

95. 金针菇工厂化栽培如何进行出菇管理？

金针菇工厂化栽培出菇管理主要包括催蕾、抑制及伸长期管理。

催蕾：搔菌后将栽培瓶移入出菇室进行出菇管理。金针菇原基形成需要低温刺激，一般在原基分化期将出菇室内温度控制为 14~15℃，利用超声波加湿器进行雾状加湿，使湿度控制为 95%~98%，通过控制通排风时间及通风量来控制二氧化碳浓度为 0.2%~0.3%。原基分化阶段不需要光照。4~5 天，可以形成米粒状的原基。

抑制：现蕾后 2~3 天，菌柄长 3~5mm、菌盖 2mm 大小时，可采用低温、弱风、间歇式光照等抑制措施，促进菇蕾生长整齐、粗壮。一般在进入出菇室后第 8~9 天进入抑制阶段，温度控制为 13~14℃；第 10~11 天温度控制为 8~10℃；第 12~14 天温度控制为 4~5℃，并在菇体上方 50~100cm 处，用 100~200Lx 蓝光间歇性照射，每天 3~4 小时。第 8~9 天开始以 3~5m/s 的弱风吹向菇体，一般每 2 小时通风 10 分钟。抑制期二氧化碳浓度控制为 0.6%~0.8%，空气相对湿度控制为 95%。金针菇的抑制培养需要 5~7 天，一般抑制期结束时菇蕾长至瓶口上方 1cm 左右。

伸长期：抑制后进入伸长期管理。伸长期主要是促进子实体快速生长，获得色泽、形态正常，生长整齐一致的子实体。当子实体长出瓶口1.5~2cm时，需套包菇片，目的是防止金针菇子实体伸出瓶口之后，菇体外倾下垂散乱，使之成束整齐生长；同时套包菇片可增加局部二氧化碳浓度，减少氧气供应，抑制菌盖的伸展，促进菌柄伸长。纯白金针菇伸长期一般不需要光照，可根据出菇的整齐度确定用不用光以及用光的多少。此阶段生长温度控制为6~8℃，二氧化碳控制为0.4%左右，空气相对湿度应控制为85%~90%。一般入菇房第23天时停止加湿，等待采收。

第六节　杏鲍菇

96. 什么是杏鲍菇？

杏鲍菇因子实体具有杏仁味且菌肉肥厚似鲍鱼而得名。其子实体单生或群生，菌盖直径3~12cm，菌盖初期凸起，成熟后平展，后期中央凹陷，呈浅盘状至漏斗形。菌肉白色，菌盖初期淡灰黑色，成熟后呈浅棕色或黄白色。菌柄中生或偏中生，呈棒状或保龄球状，柄长4~10cm，粗3~5cm。杏鲍菇肉质肥嫩，营养丰富，是一种高蛋白、低脂肪的营养保健食品。杏鲍菇可促进人体对脂类物质的消化吸收和胆固醇的溶解，对肿瘤也有一定的预防和抑制作用。

97. 杏鲍菇常用栽培原料和栽培配方有哪些？

栽培杏鲍菇的主料有棉籽壳、玉米芯、木屑、大豆秸秆、甘蔗渣、花生壳等，氮源可选择麦麸、米糠、黄豆粉、豆粕等。无论碳源或氮源，配制时应尽量采用两种以上的原料，原料颗粒的大小也宜粗细搭配。另外，还应添加少量的石灰、石膏、磷酸二氢钾等。

栽培杏鲍菇常用的原料和配方如下。

（1）棉籽壳55%，木屑25%，麦麸12%，玉米粉5%，石膏1%，石灰2%。

（2）杂木屑70%，麦麸20%，玉米粉7%，石膏1%，石灰2%。

（3）棉籽壳60%，豆秸22%，麦麸15%，石膏1%，石灰2%。

（4）玉米芯53%，棉籽壳25%，麦麸20%，石膏1%，石灰1%。

（5）木屑40%，棉籽壳20%，豆秸20%，麦麸17%，石膏1%，石灰2%。

98. 杏鲍菇适宜生长的环境条件是什么？

（1）温度。温度是决定杏鲍菇菌丝生长和子实体发育最重要的因子，杏鲍菇菌丝在 5~35℃条件下均可生长，适宜温度为 20~25℃。子实体形成和生长的温度范围为 8~20℃，适宜温度为 10~18℃。当温度低于 8℃时，杏鲍菇子实体一般不发生；温度高于 20℃时，子实体也难于发生或生长异常，且易发生细菌性病害。

（2）水分和湿度。杏鲍菇较耐旱，培养料含水量控制为 62%~67%，子实体形成阶段空气相对湿度控制为 90%~95%，生长阶段控制为 85%~90%，栽培过程中不宜往菇体上直接喷水。

（3）空气。杏鲍菇菌丝较耐二氧化碳，一定浓度的二氧化碳能刺激菌丝生长。子实体生长发育阶段，新鲜的空气可使子实体发育良好、个大形美，通风不良会导致杏鲍菇发育不好，子实体难以形成，已形成的子实体会变得柄长盖小，甚至不长菌盖，畸形菇形成数量增多。

（4）光照。杏鲍菇菌丝生长阶段需要黑暗条件，子实体的分化和生长需要一定的散射光，适宜的光照强度是 300~800Lx。光线过强会使菇体变黄，菌盖变暗；光线弱，菌盖变浅，菌柄更长。

（5）酸碱度。杏鲍菇菌丝在 pH 值 5~10 范围内均可生长，适宜 pH 值为 6.0~7.5，出菇阶段最适 pH 值为 5.5~6.5。

99. 如何安排自然季节栽培杏鲍菇的时间？

杏鲍菇子实体生长的温度范围为 10~20℃，根据不同品种的生物学特性，并结合当地气候、设施条件确定栽培时间。北方地区利用冬暖大棚栽培，以秋冬季接种、冬春季出菇为宜。若利用控温或工厂化设施进行反季节生产，则可周年栽培出菇，夏季可利用高海拔地区或山洞、恒温库房进行生产，冬季可利用温室大棚或人工控温菇房等进行反季节生产。

 100. 自然季节袋栽杏鲍菇的技术要点有哪些？

接种后的料袋采用墙式排放，每堆 5~6 层，堆与堆之间留出间隙，以便通气。如在 8 月下旬接种时气温尚高，需要降低堆放层数，同时上袋与下袋之间应放小竹竿或干净木条相隔，以防"烧菌"。发菌期间保持温度 25℃左右，空气相对湿度 70% 以下，充足的氧气和暗光。培养期间 10 天左右翻堆 1 次，结合翻堆拣出杂菌污染菌包。发菌过程中不可进行刺孔增氧，否则很容易在刺孔处形成原基。

杏鲍菇菌丝满袋后移入菇棚进行催蕾。催蕾方法：将菌袋口打开进行搔菌，用刀刮掉表面的菌种块及老菌皮。将搔菌后的菌袋置于4℃低温下处理3天，然后控制温度10～15℃、空气相对湿度90%左右，给予充足的氧气和适宜的散射光，经过10～15天即可形成原基。

在菇棚的地面上铺一层砖或做一高10cm的土畦，将搔菌后的菌袋排放其上，可排5～8层。垛间留走道60cm宽。走道最好铺一层粗沙，既可保湿，又不泥泞。棚内温度应控制为12～15℃，低于10℃，子实体生长缓慢，甚至停止生长。短时间高温对菇的生长尚不能形成较大的不利影响，但若连续2～3天温度超过20℃，特别在高湿环境下，子实体则会变软、萎缩、腐烂。

菇棚内空气相对湿度宜保持为85%～95%。幼菇期空气相对湿度宜控制为90%左右，湿度过低，子实体干裂萎缩停止生长。子实体生长期湿度应保持85%以上，但绝对不能长期处于95%以上。尤其在气温高的情况下湿度更不宜过大，否则易导致菇体发黄，出现细菌感染，造成菇体腐烂。主要靠喷水增加菇场湿度，靠通风降低菇场湿度。菇蕾形成后，每天喷水2～3次，可采用喷雾方式，向空中喷雾及浇湿地面，严禁向菇体喷水。喷水后打开门窗适当通风，以免菌盖表面积水。采菇前1天不喷水。

保持通风良好，如果通风不良，子实体易形成树枝状畸形菇，若遇高温高湿还会腐烂。当气温在18℃以上时，宜早、晚或夜间进行通风，阴雨天可日夜通风。11月以后至翌年2月底之前，气温低，可适当减少通风，但气温在14℃以下时，通风宜在中午气温高时进行。适量散射光可以促进菌柄伸长，如果光线过弱，菌柄粗短，质量下降，但光线过强，菌褶易发黄。

101. 杏鲍菇工厂化袋栽的技术要点有哪些？

选用规格为17cm×35cm×0.005cm聚丙烯塑料袋，熟料栽培。接种后移入发菌房内进行发菌培养。每天检查菌袋1次，发现杂菌污染袋，及时将其清理出发菌房。接种25～27天后菌丝可长满菌袋。

将发好菌的栽培袋移入催蕾室，排放于专用网格架上，将室内温度从20℃左右逐渐降至12～15℃，空气相对湿度控制为85%～90%。移入后第1天进行搔菌，搔除穴内老化接种块，保持袋口原状。第3天将套环向前轻移3～4cm，第4天开始每天通风6次，每次10分钟，菇房二氧化碳浓度控制为0.12%～0.15%。6天后原基开始形成，第10天左右取下套环，用15 W节能灯光每天照射12～24小时，逐渐增加光照，地面保持湿润，直至菇蕾长出。

当菇蕾高度为2cm左右时进行疏蕾。疏蕾前2天，将催蕾室二氧化碳浓度调至 0.15% ~ 0.18%，适度撑开并翻卷袋口。用消毒过的不锈钢小刀小心疏去多余的菇蕾，保留 1~2 个优势菇蕾向袋口外伸长。疏蕾后，出菇房温度应控制为 12~14℃，待菇体基本成形后，温度控制为 11~13℃，避免温差过大。子实体生长发育期，菇房空气相对湿度应控制为 85% 左右。若需增湿，可开启空间加湿器或向地面适量洒水增湿，勿向菇体上直接喷水。子实体伸长期菇房内二氧化碳浓度调至 0.3% ~ 0.4%。菇盖发育较小多通风，菇盖发育较大少通风。杏鲍菇子实体生长发育需要一定的散射光，菇蕾形成期适当增加光照，幼菇生长至采收期应减少光照，限制菇盖生长，促进菇柄膨大、伸长。

102. 杏鲍菇工厂化瓶栽的技术要点有哪些？

选用规格为 800~1 300mL 的聚丙烯塑料瓶，采用自动装瓶生产线，培养料要求上紧下松，将菌瓶整齐排放在专用周转塑料筐内，灭菌接种。正常情况下（室温 20~23℃），接种后杏鲍菇发满菌瓶时间为 25~28 天，再进行后熟培养 5~8 天，即可搔菌催蕾出菇。将瓶盖去掉，采用机械进行搔菌作业，搔菌厚度为 1~1.5cm，并使瓶口表层菌料平整，通过搔菌后，有利于出菇整齐。催蕾室将温度控制为 12~15℃，喷水提高湿度，使环境中空气相对湿度达到 90%~95%。经过 4~5 天，菌丝恢复生长后，要适当地降低温度和湿度，将空气相对湿度控制为 80%~85%，避免在高湿环境下，引起菌丝体徒长，以免气生菌丝体上扭结形成原基。此时增加光照，使菇房光线明亮。经过 7~10 天后，便可形成原基，即在瓶口上出现白色块状物，然后将瓶口向上排放在出菇床架上。为了避免喷水保湿时，瓶口内进水，可在瓶口上覆盖一层纸，每次喷水时，直接在纸上洒水保持报纸湿润，就可保持所需湿度。

子实体生长期间，要将温度控制为 15~17℃，最高温度不得超过 20℃，最低温度不得低于 10℃。喷水保持空气相对湿度为 85%~90%，喷水时，注意不要将水喷入瓶口内，使用加湿器或喷雾器喷出细雾水进行保湿为好。温度超过 20℃时，不能将水喷在子实体上，否则会出现细菌性病害。此外，要保持出菇房内空气新鲜，若通风不良，子实体生长不良，长成畸形菇，光照强度以 500~800Lx 为宜，即保持菇房内光线明亮。

103. 怎样进行杏鲍菇的再出菇管理？

第一潮菇采收后，应及时清理料面，停水养菌 4~5 天，再调节好菇房的温湿度和通风等条件，还可出第二潮菇。杏鲍菇的产量主要集中在第一潮菇，约占总产量的 70%，第二潮菇朵型小，菌柄短，产量低。故工厂化栽培只采收第一潮菇。如将采收第一潮菇的菌袋再脱袋覆土栽培，可明显提高第二潮菇的产量。

第七节 毛木耳

 104. 什么是毛木耳？

毛木耳又名粗木耳、大木耳、黄背木耳、厚木耳、琥珀木耳、紫木耳，与黑木耳同属不同种。野生毛木耳在世界各地广泛分布，我国各地均有报道，多生长在臭椿、锥栗、栲、柿、杨、柳、桑、洋槐等阔叶树的朽木上。毛木耳子实体初期杯状，渐成耳状或叶状，黄褐色并附有白色绒毛。成熟子实体胶质、脆嫩，光面紫褐色，晒干后为黑色，毛面白色或黄褐色。耳片有明显基部，无柄，基部稍皱，耳片成熟后反卷。鲜耳直径 8~43cm、厚度 1.2~2.2mm。

105. 毛木耳的营养、保健与医药价值有哪些？

毛木耳质地脆嫩、口感爽滑、营养丰富，是一种传统的山珍。中医认为，毛木耳具有滋阴壮阳、补气活血等功效。据研究，每 100g 干毛木耳蛋白质含量可达 8~15g，脂肪 0.9~1g，膳食纤维 25~26g。毛木耳含有适量的粗纤维，能促进人体胃肠的蠕动，有助消化功能；毛木耳富含胶质及磷脂类物质，可以吸附消化系统内不溶性纤维，具有润肺作用。现代科学研究表明，毛木耳子实体多糖等提取物具有较高的抗肿瘤活性和免疫调节功能。

106. 毛木耳生长发育需要怎样的营养条件？

毛木耳的生长发育需要碳源、氮源、矿质元素以及适量的维生素等。代料栽培中依靠木屑、玉米芯、豆秸、棉籽壳等有机物提供碳源，菌丝优先利用木质素，在原基形成后开始利用纤维素和半纤维素。能够以蛋白质、氨基酸、尿素、铵盐等作为氮源，以有机氮为最好，代料栽培中一般在培养料中添加麦麸、米糠、豆粕、豆粉等，以满足对氮素营养的需要。菌丝生长所需的最适碳氮比为 25：1，子实体生长阶段适宜的碳氮比为（30~40）：1。在培养料中一般添加 0.1%~0.2%磷酸二氢钾、1%石膏粉、1%~2%石灰等，以满足对钾、钙、磷等元素的需要。麦麸或米糠等原料中含有丰富的维生素，一般不需在培养料中额外添加维生素。

107. 毛木耳生长发育需要怎样的环境条件？

（1）温度。毛木耳是中高温恒温结实类真菌，原基形成不需要温差刺激。菌丝在 5~35℃ 均能生长，最适生长温度 25~28℃。白背毛木耳原基分化和子实体发育的温度范围为 13~30℃，最适温度为 18~22℃；黄背毛木耳原基分化和子实体发育的温度范围为 18~32℃，最适温度为 22~28℃。

（2）水分和空气相对湿度。菌丝生长和子实体发育阶段培养料含水量均以 60%~65% 为宜。菌丝生长阶段空气相对湿度应保持为 70% 以下，原基形成阶段应保持为 80%~85%，子实体发育阶段应保持为 85%~90%。干湿交替有利于毛木耳优质高产。

（3）空气。毛木耳是好气性真菌，环境中二氧化碳浓度超过 1%，就会抑制菌丝生长，并使子实体畸形，因此必须加强通风，保持栽培场所氧气充足。

（4）光照。毛木耳菌丝生长阶段不需要光照刺激，且光照会诱导耳基过早形成，降低产量和品质。原基分化和子实体生长需要散射光，黑暗下原基难以形成。光照强度为 1 000~1 250Lx 时，耳片颜色正常。当光线较弱时，耳片颜色较浅，产量低，质量差；光线过强，子实体生长缓慢，产量低。

（5）酸碱度。毛木耳菌丝在 pH 值 5~10 均能生长，最适 pH 值为 6~7。配制培养料时，添加适量石灰，上调培养料 pH 值，能够降低杂菌污染。

108. 栽培毛木耳常用的原料和配方有哪些？

适合于栽培毛木耳的原料很多，杂木屑、棉籽壳、蔗渣、稻草、玉米芯等都可作为主料来栽培毛木耳，各地可根据原料资源情况选择。常用配方如下。

（1）棉籽壳 41.8%，玉米芯 30%，杂木屑 18%，麦麸 8%，磷酸二氢钾 0.2%，石灰 1%，石膏 1%。

（2）玉米芯 47.8%，杂木屑 35%，麦麸 15%，磷酸二氢钾 0.2%，石灰 1%，石膏 1%。

（3）木屑 87.0%，麦麸或米糠 10%，石灰 2.0%，石膏 1%。

109. 如何安排毛木耳栽培季节？

毛木耳按照背部绒毛层颜色不同，分为黄背毛木耳和白背毛木耳两大类。黄背毛木耳子实体腹面黄褐色，耳片干制后腹面呈黄褐色，主要在四川、河南、江苏、山东等地栽培。白背毛木耳子实体腹面呈褐色或黑褐色，耳片干制后腹面呈黑褐色或黑色，主要在福建地区栽培。

黄背毛木耳原基分化和子实体发育的温度范围为 18~32℃，最适温度为 22~28℃；白背毛木耳原基分化和子实体发育的温度范围为 13~30℃，最适温度为 18~22℃。自然条件下，毛木耳的栽培周期一般为 7~8 个月，以日平均温度 15~20℃的时节为出耳期来推算适宜的制种与栽培袋生产时间。一般四川黄背毛木耳制袋时间为 11 月至翌年 3 月，出耳采收时间为翌年 4 月下旬至 10 月。河南、山东黄背毛木耳制袋时间为 2—3 月，出耳采收时间为 6—8 月；白背毛木耳制袋时间为 12 月至翌年 1 月，出耳采收时间为翌年 5—7 月。福建白背毛木耳制袋时间为 8—10 月，出耳收获时间为 12 月至翌年 3 月中旬。

110. 毛木耳主要栽培方式是什么？

毛木耳的栽培方式比较多样，室内、室外均可栽培，可选用简易大棚，也可利用林下遮阴栽培，可菌墙式栽培，也可吊袋、层架式或畦床地栽，以菌墙式栽培最为常见。毛木耳的菌袋制作包括培养料配制、装袋、灭菌、冷却、接种等步骤。培养料准备好后，可以立即装袋，也可以保温发酵 3~5 天后再装袋。一般选用（17~20）cm×（37~45）cm 低压聚乙烯塑料袋，厚 0.004cm，常压灭菌，或采用耐高温聚丙烯塑料袋，高压灭菌。如果立袋出耳、林下栽培，可采用 17cm×33cm 聚丙烯袋。手工或机械装袋，要求松紧适中，装袋过松，一捏即扁，菌丝生长稀疏，装袋过紧，会影响菌丝生长速度。松紧标准是用手指按住装满料的菌袋稍用力按压，其凹陷过一段时间能够基本复原。

111. 怎样进行毛木耳菌袋的划口与催芽？

将长满菌丝的菌袋适时移入出耳棚，根据季节做好适时开袋工作，一般以 5 天平均气温稳定在 23℃的日期，作为开袋出耳期。采用消毒刀片划口或割袋，准备催芽。黄背毛木耳菌袋催芽前，一般用锋利刀片在菌袋两端或四周划口，每袋划 3~5 个，深 1~2mm，直径 1.5cm。白背毛木耳常采用菌袋一端催芽的方法，即用刀片割去菌袋一端的塑料袋。催芽时应在大棚内喷雾状水，少量多次，使棚内空气湿度保持 85%~95%，同时温度保持为 20~25℃，适当通风，使划口处始终处于湿润状态。2~3 天菌丝开始愈合发白，孔口处出现白色点状物，逐渐发育成耳基和耳芽。

112. 毛木耳如何进行出耳期管理？

菌袋划口后 12~15 天，当耳基长至小拇指大小时，进入出耳管理。毛木耳出耳期应注意保持出耳温度为 15~25℃，并有较充足的散射光，采用微喷方式，向空中喷雾，干湿交替进行水分管理。喷水后注意立即通风，使菌袋表面逐渐干燥。当耳片背面泛白，绒毛呈白色，耳片边缘稍有卷曲时，开始喷水。一般有风天勤喷，晴天多喷，阴天少喷，雨天不喷。

113. 毛木耳采收方法？间隔期如何管理？

采收前 3~5 天应减少喷水，当耳片腹面的粉状物逐渐消失，背面绒毛稀少，外观色泽变浅，耳基变柔软，耳片边缘下垂，呈波浪状，耳边变薄，颜色由紫红转为褐色时即可采摘。采摘时，用手指捏住耳片基部，将耳片轻轻扭动一下即可，采收时间最好在晴天。黄背毛木耳采收后，通常先用水冲洗，然后晾晒，贮藏。白背毛木耳采后及时晒干，贮藏。采后停止喷水 3~5 天，菌丝恢复生长后，进入下茬耳的出耳管理。

第八节　草　菇

114. 什么是草菇？

草菇又名中国蘑菇、兰花菇、美味苞脚菇、稻草菇等，是热带和亚热带高温多雨地区著名的食用菌。

115. 草菇有哪些营养和药用价值？

营养价值：草菇子实体脆滑爽口、味道鲜美，无论是干品还是鲜品均备受人们青睐。草菇子实体内含有丰富的维生素、蛋白质、多糖、生物碱、甾类、黄酮类等活性成分，同时还含有钙、磷、钾等多种矿物质元素。据测定，每 100g 草菇鲜菇含维生素 C 207.7mg、蛋白质 2.68g、脂肪 2.24g、糖分 2.6g、灰分 0.91g。草菇蛋白质含有 18 种氨基酸，其中必需氨基酸占 44.47%。

药用价值：草菇不但营养丰富，且具有抗氧化、调节免疫、抗肿瘤等功效。草菇含有丰富的膳食纤维，可以促进肠道及体内毒素和有害物质排出，可降低患肠癌的风险，对身体健康有极大的帮助。草菇子实体内含有不饱和脂肪酸和粗纤维，可降低患者肠道对碳水化合物的吸收，对糖尿病患者有积极治疗作用。经常食用草菇可有效预防冠心病和心脑血管等疾病。

116. 什么是草菇的厚垣孢子？

草菇厚垣孢子是由部分菌丝细胞膨大形成的，通常在菌丝培养后期出现，多呈现为红褐色的斑块。厚垣孢子的特征是细胞壁比较厚，颜色红褐色，在显微镜下厚垣孢子直径比菌丝宽5~10倍，对于干旱、寒冷有较强抵抗能力。条件适宜的情况下，厚垣孢子可萌发形成菌丝。

 117. 草菇子实体的形态特征有哪些？

草菇子实体丛生或单生。成熟的草菇子实体由菌盖、菌褶、菌柄和菌托组成。草菇子实体菌盖呈钟形，成熟时平展，表面平滑，灰褐色或鼠灰色，菌褶着生于菌盖的底面，与菌柄离生，呈辐射状排列，肉红色。菌柄与菌托相连接，菌柄白色，内实，含较多的纤维素，上细下粗。菌托是子实体发生初期的保护物，称为包被，初期包裹着菌盖和菌柄，后期菌柄伸长，包被破裂后残留于菌柄基部，像一个杯子托着菌柄，形如苞脚，呈灰白色。

 118. 草菇主要栽培品种有哪些？

草菇按照子实体颜色不同分为两大品系：一是深色草菇，主要特征是未开伞的子实体包皮为黑色或鼠灰色，子实体椭圆形，不易开伞，基部较小，容易采摘，对温度变化特别敏感。二是浅色草菇，主要特征是未开伞的子实体包皮灰白色或白色，皮薄，易开伞，菇体基部较大，出菇快，产量高，抗逆性较强。

按照子实体的大小，草菇又分为3个类型：大型种、中型种、小型种。大型种，单个重30g以上；中型种，单个重20~30g；小型种，单个重20g以下。制干草菇，一般选用大型种或中型种；制作罐头用，一般选用中、小型种；鲜售草菇，一般对个体大小要求不严格，可根据需要选择合适的栽培品种。

 119. 草菇菌种如何培养、贮藏？

草菇母种一般在马铃薯葡萄糖琼脂培养基上31℃±1℃避光培养，菌丝长满斜面的时间为3~5天，当菌丝长满斜面并有少量红褐色厚垣孢子产生时结束培养。原种和栽培种在适宜培养基上，28~32℃避光培养，菌丝长满容器的时间为7~12天。

母种在15~20℃保藏一般不得超过90天；原种和栽培种菌丝长满后，应尽快使用，短暂保存可置于清洁、通风、干燥、避光的室内，15~20℃贮存不超过10天。

120. 草菇生长发育需要哪些营养元素？

草菇是腐生性真菌，依靠菌丝分泌各种酶，分解基质从中获取所需营养物质，它生长发育主要需要碳源、氮源、矿质元素、微量元素和维生素等。

凡含纤维素、木质素的原料，如麦秸、稻草、棉籽壳、玉米秸、玉米芯、废棉、酒糟、甘蔗渣、糖渣、菌渣、豆秸等均可作为栽培草菇的碳素营养。草菇主要利用有机氮，如蛋白胨、酵母粉、氨基酸、蛋白质、麦麸、米糠、含氮有机物、各种饼肥、粪肥等含氮物质，也能利用少量无机氮，如铵盐。草菇不能利用硝态氮，如硝酸钾、硝酸钙等。草菇栽培最好不要使用铵态氮，因为容易产生氨气，培养料氨气重的时候，容易发生鬼伞。草菇需要的矿物质主要有磷、钾、硫、镁、钙等，一般含纤维素的原料中均含有这些元素和微量元素，因此，用秸秆及麦麸、饼肥等调配的培养基中可以少加无机盐。草菇生长发育过程中需要多种维生素，如维生素 B_1、维生素 B_2、烟酸等，维生素在马铃薯、米糠、麦麸、酵母、麦芽中含量较丰富，故用这些原料作培养基时可不必添加。

121. 草菇生长发育对温度有哪些要求？

温度是草菇菌丝体生长和子实体形成的重要因素。草菇菌丝在 20~40℃ 温度范围内都能生长，最适温度为 32~35℃，高于 40℃ 或低于 15℃，菌丝生长受到抑制，10℃ 时停止生长，低于 5℃ 则迅速死亡、自溶。草菇子实体生长的最适温度为 30~35℃，在适温范围内，温度偏低时，菇体发育慢，但菇体大而质优，不易开伞。温度小于 20℃ 或大于 45℃，难以形成子实体。草菇属恒温结实型食用菌，子实体原基的形成不需要低温刺激，子实体发育期如果温差过大，会导致小菇蕾萎缩腐烂。

122. 草菇生长发育对水分有哪些要求？

水不仅是草菇机体的重要组成成分，而且是新陈代谢等生命活动所不可缺少的。草菇菌丝生长时培养料的含水量以 70%~75% 为宜。发菌期空气相对湿度适宜 75% 左右，湿度过低易导致料内水分散失过多，影响出菇；而空气湿度过高，易发生杂菌污染。子实体发生和生长时，要求空气相对湿度 80%~95%，如果湿度高于 95%，菇体易变褐，品质下降，且容易引起杂菌和病虫害发生，而在 80% 以下时，菇体生长受到严重抑制，菇体容易干枯、老化。

123. 草菇生长发育对培养料酸碱度有哪些要求？

草菇菌丝喜偏碱性环境，在 pH 值 5~10 均能生长，最适 pH 值为 7~8，偏酸性的培养料对草菇菌丝和菇蕾生育均不利。

124. 草菇生长发育对光照有哪些要求？

草菇菌丝生长阶段受光照影响比较小，一般不需要光线，黑暗条件下菌丝生长旺盛。而子实体生长发育需要光照，一定的散射光能促进子实体形成和生长发育，强烈的直射光会抑制子实体的生长发育，一般需要 500~800Lx 散射光照即可。

125. 草菇生长发育对空气有哪些要求？

草菇属好氧性真菌，无论是菌丝生长还是子实体生长发育，都需要新鲜的空气，菌丝生长阶段需氧量略少，而子实体生长发育需要充足的氧气，如果通风不良，菇房内氧气不足，二氧化碳积累过多，会抑制子实体发育。

126. 草菇的栽培周期一般需要多长时间？

草菇是一种高温速生菌，其栽培工序环节少，从栽培料接种到开始采收一般需要 10~12 天，采菇 3~4 天后，进入转潮管理，一般采收三潮菇后结束生产。从培养料制备到采收结束需要 35~40 天。

127. 草菇的主要栽培方式有哪几种？

按照栽培场所和出菇方式可分地栽和立体床栽。地栽主要是指在大棚等设施内的地面上建畦，直接将原料铺设在地面上，进行栽培生产的方式；床栽主要是指在控温菇房、菇棚等设施内安装栽培床架，将原料铺设在各层床架上面，进行立体栽培生产的方式。

按照生产季节可分为季节性栽培和周年栽培。季节性栽培主要是指利用季节更替的气候条件，在夏季高温时节进行栽培生产；周年栽培主要是指在控温菇房等设施内进行不间断生产。

128. 草菇栽培的主要原料有哪些？

主料有棉籽壳、废棉、稻草、麦秸、甘蔗渣、豆秸、玉米芯等，废棉最佳，棉籽壳次之，麦秸、稻草等稍差。工厂化食用菌菌渣亦可用于草菇栽培。原料要求干燥、新鲜、无霉变，在栽培前均要经过选择和预处理。可用来栽培草菇的原料很多，在进行草菇栽培生产时，可因地制宜，广泛取材，灵活运用各种栽培模式。

129. 草菇栽培的辅料有哪些？

草菇栽培常用的辅料有畜禽粪肥、麦麸、米糠、饼肥、磷肥、复合肥、尿素、石膏粉、石灰等。营养辅料的用量要适当，培养料中氮素营养含量过高，易生杂菌，易菌丝徒长，造成减产。生石灰可补充钙元素，还可调节培养料的pH值，辅助去除秸秆表面蜡质、软化秸秆等。畜禽粪便类辅料，一般多用马粪、牛粪和鸡粪等，用前要充分发酵、腐熟、晾干、砸碎、过筛备用。

130. 草菇栽培料的配方主要有哪些？

以下是常用的配方，也可以根据当地的原料情况适当调整。

（1）棉籽壳70%，稻草（或麦秸）20%，石灰3.5%，碳酸钙3%，草木灰3%，尿素0.5%。

（2）废棉80%，麦秸（或稻草）10%，麦麸5%，尿素0.4%，磷肥0.6%，石灰4%。

（3）稻草88%，麦麸5%，尿素0.4%，磷肥1.6%，石灰5%。

（4）麦秸90%，麦麸5%，尿素0.4%，磷肥1.6%，石灰5%。

（5）玉米芯（或玉米秸）90%，麦麸5%，尿素0.5%，过磷酸钙1%，石灰3.5%。

（6）杏鲍菇菌渣（金针菇菌渣）60%，粪肥15%，玉米芯20%，石灰5%。

以上各配方栽培料均需堆制发酵处理，发酵前料水比调至1∶1.8左右，pH值8.5~9.0。

131. 草菇栽培的主要工艺流程都有哪些环节？

草菇常用栽培工艺分为生料栽培工艺和发酵料栽培工艺。

（1）生料栽培工艺流程。整理畦床→稻草/麦秸预湿→扭草把→堆垛→播种→菌丝培养→覆土→出菇期管理→采收。

（2）发酵料栽培工艺流程。原料预处理→培养料配制→室外一次发酵→菇房进料→室内发酵（巴氏灭菌）→播种→菌丝培养→出菇期管理→采收。

132. 草菇栽培料的发酵过程一般如何处理？

草菇是典型的草腐菌，培养料一般都要进行预湿和发酵处理，尤其是近年来发展起来的室内床架周年栽培，其培养料都要经过室外发酵和室内发酵两次发酵。

（1）预湿。选取地势较高、平坦硬化、朝阳的场地，将原辅料按配方混匀，边混匀边加水，待水外溢时，停止加水，堆制 8~10 小时，然后边翻堆边加水，再堆制 8~10 小时，使原料充分吸水至含水量 70% 以上。

（2）室外发酵。将预湿好的栽培原料建成高 50~60cm、宽 1~1.5m、长 2m 以上的料堆进行发酵。料堆表面间隔 50cm 打透气孔，透气孔直径 12~15cm。发酵料温达到 60℃ 以上，保持 24 小时，第一次翻堆，待温度再次升到 60℃，保持 24 小时，进行第二次翻堆，待堆温第三次升到 60℃ 时，保持 12 小时，料堆翻匀，然后趁热装运到菇房内，进行巴氏灭菌。

（3）巴氏灭菌。将室外发酵的栽培原料移入经消毒过的控温菇房，在床架上均匀铺料，厚 20~25cm，关闭门窗，待料温升至 45℃，对菇房辅助加热升温，使料温迅速升至 70~75℃，保持 10~12 小时，再将料温稳定在 55℃，维持 6~8 小时后停止加热，待料温降到 45℃，开始通风换气，散去二氧化碳、氨气等有害废气，并使料温降至 40℃ 以下，准备播种。发酵好的培养料质地疏松，无氨味、异味，有白色放线菌和淡淡的菌香味。

133. 草菇栽培料在发酵过程中需要注意什么？

培养料发酵直接影响草菇的出菇产量和品质，培养料发酵过程中需要注意以下几点。

（1）原料预湿要充分、均匀，加水后适当堆闷、补充水分，否则容易导致发酵不彻底。

（2）发酵过程中要注意防虫、防蝇等，尤其是室外发酵，适当喷洒杀虫剂，覆盖遮挡物。

（3）翻堆要充分、均匀，翻料时要做到内外均匀、上下均匀。

（4）发酵料进入菇房前和播种前，要充分散去二氧化碳、氨气等有害废气。

（5）发酵结束后，要及时降温，及时播种，避免滋生杂菌。

134. 草菇有哪几种播种方式？

常用的播种方式有撒播、穴播、层播、条播等。撒播就是将菌种均匀撒在料面上；穴播就是在料面上均匀打孔，将菌种塞入孔穴内播种；层播就铺一层料，铺一层菌种，再铺上料；条播就是在料面上划一条沟穴，撒上菌种。通常接种方式可以采用单一方式，或者两种方式相结合。

135. 草菇发菌过程有哪些技术要点？

(1) 适宜的温度是草菇栽培成败的关键，播种后，要控制菇房气温 30~32℃，控制料温（堆温）为 33~35℃。要每天观测料堆中心的温度，料温超过 40℃，要及时通风散热。

(2) 做好保湿与增湿工作，使料堆含水量保持为 70%~75%，空气相对湿度保持为 75%~80%。如湿度不够时，可向菇棚喷雾、向畦床沟内灌水，以保持适宜的空气湿度和培养料含水量。

(3) 适当通风与光照，在菌丝生长期不需要光照，光线宜暗些，需要适当通风，维持二氧化碳浓度 2 000mg/kg 以下。

136. 草菇出菇管理有哪些技术要点？

(1) 播种后，在适宜条件下经过 6~8 天的发菌管理，待菌丝长满料以后，在料面上喷洒适量出菇水，当见有白色菇蕾出现时即进入出菇管理。

(2) 控制适宜温度，出菇时料温维持为 32~35℃，菇棚室温维持为 30~32℃。出菇期温度控制低一些，子实体生长慢，菇肉厚实，品质好。

(3) 保持一定湿度，出菇期空气相对湿度以 85%~90% 为宜。湿度过高，菇体易腐烂、发生病害；湿度过低，菇体发育受阻，影响产量和品质。

(4) 适当通风供氧，实体生长阶段，呼吸作用加强，消耗大量氧气，要加强通风换气，及时排出二氧化碳，保持空气新鲜。

(5) 适当光照，出菇期的光照强度以 500~800Lx、每天照射 10 小时以上为宜。如果光照不足，导致不出菇或出菇少，但不能有直射阳光照射，以免幼菇死亡。

137. 草菇采收需要注意哪些问题？

草菇生长速度很快，极易开伞，要及时采收。作为商品的草菇，要求菌膜未破裂，外观呈蛋形，此时肉质幼嫩，风味佳。当草菇子实体由基部较宽、顶部稍尖的宝塔形变为卵形，由硬实变松，草菇未破膜，菇形刚好开始拉长，用手捏时菇体上下手感基本一致，中间没有明显变松时采收最好。采收时，一手按住子实体基部的培养料，另一手抓住菇体基部，轻轻地扭下，也可使用小刀从菇体基部割下。头潮菇采收后，清除料面残留的菇根，用偏碱性的水适当进行补水，促进菌丝生长恢复，准备进入二潮菇管理。

第九节　鸡腿蘑

138. 什么是鸡腿蘑？

鸡腿蘑又名毛头鬼平、鸡腿菇、刺蘑菇等，是一种世界性分布的食用菌，我国主要分布在河北、河南、山东、山西、黑龙江、安徽、甘肃、青海、吉林、辽宁等地区。

鸡腿蘑子实体单生、群生或丛生。菇蕾期（食用采收期）菌盖圆柱形，连菌柄状如火鸡腿，故名鸡腿蘑，后期菌盖呈钟形，成熟后平展，菌盖直径3~5cm。菌盖表面初期白色，光滑，后期表皮开裂，形成鳞片，鳞片初期白色，中期呈淡锈色，成熟时鳞片上翘翻卷，颜色加深。菌肉白色，较薄。菌柄长7~25cm，直径1~2.5cm，圆柱形且向下渐粗，白色纤维质，有丝状光泽。菌环白色，可上下移动，薄而脆，易脱落。菌褶密，与菌柄离生，宽6~10mm，初白色，后呈黑色。孢子黑色，光滑椭圆形。

139. 鸡腿蘑有哪些营养价值？

鸡腿蘑的幼菇肉质鲜嫩，鲜美可口，营养丰富。据分析，鲜菇含水分92.9%，每100g干菇中含粗蛋白25.4g，粗脂肪3.3g，纤维7.3g，灰分12.5g。蛋白质中含20多种氨基酸，总量高达25.63%，其中人体所必需的8种氨基酸占氨基酸总量的46.51%。此外，鸡腿蘑还具有较好的药用价值，味甘滑性平，有益脾胃、清心安肺、治疗痔疮等功效。常食之可助消化，增加食欲。据国外报道，鸡腿蘑的菌丝体和子实体中，含有治疗糖尿病的药物成分，能明显降低血糖浓度。另据《中国药用真菌图鉴》记载，鸡腿蘑热水提取物对小白鼠肉瘤S-180和艾氏癌抑制率分别为100%和90%。

140. 鸡腿蘑的主要栽培方式有哪几种？其工艺流程包括哪些环节？

鸡腿蘑栽培通常采用发酵料床（畦）式栽培、发酵料袋栽、熟料袋栽等方式。

（1）发酵料床（畦）式栽培工艺流程。备料→堆料发酵→床畦→铺料→播种→发菌管理→覆土→出菇管理→采收加工。

（2）发酵料袋栽工艺流程。备料→堆料发酵→装袋→接种→发菌管理→脱袋覆土/大袋开口覆土→出菇管理→采收加工。

（3）熟料袋栽工艺流程。备料→拌料→装袋→灭菌→冷却→接种→发菌管理→脱袋覆土/大袋开口覆土→出菇管理→采收加工。

141. 如何确定鸡腿蘑的栽培季节？

生产中应根据鸡腿蘑出菇时所需要的最适温度以及当地气候变化特征，因地制宜，确定鸡腿蘑适宜栽培时间。原则上，旬均温达到20℃时，向前推移30~40天，为最适接种期。自然环境条件下，鸡腿蘑出菇季节为9—10月和3—6月，因此菌袋培养一般提早1~2月进行。我国中原地区一般秋栽在8—10月，春栽在2—4月。长江以南地区秋栽在9—12月，春栽在12月至翌年3月。

142. 哪些场地可以栽培鸡腿蘑？

鸡腿蘑既可以在果园、菜地或休闲田中整畦搭棚进行室外栽培，也可用闲置的民房、厂房、校舍、山洞、防空洞，或者专门建造的竹木结构房、砖混结构房、塑料大棚、草棚等进行室内栽培。

143. 鸡腿蘑的营养需求特点是什么？

鸡腿蘑是一种适应性广泛的土生菌、粪生菌、草腐菌。良好基质和合理的营养结构是其生命活动的基础，其所需主要营养物质包括碳、氮、无机盐和维生素等。与其他菇类不同的是，鸡腿蘑菌丝具有较强的固氮能力，因此，即使其着生基质的C/N较高，菌丝也能生长、繁殖。但在实际生产中，为适应出菇季节，尽可能缩短生命周期，并获得较理想的产量，需添加一些氮源物质作为补充和调整，调控碳氮比（C/N）在（20~40）：1。

144. 哪几种菌渣可以用作栽培鸡腿蘑的培养料？

一般来说，木腐型食用菌的菌渣，只要没有污染杂菌的，都可以作为栽培鸡腿蘑的培养料，尤以低温型食用菌的菌渣更适合再利用。生产实践表明，金针菇、杏鲍菇、白灵菇、真姬菇（蟹味菇）的菌渣都可以用作栽培鸡腿蘑的培养料。

 145. 栽培鸡腿蘑常用的原料和配方有哪些?

（1）熟料袋栽原料及其配方。

①稻草或麦草78%，棉籽壳15%，麦麸3%，石灰2%，石膏2%。

②棉籽壳92%，麦麸或米糠6%，复合肥2%。

③玉米芯粉95%，尿素1%，磷肥2%，石灰2%。

④木屑40%，棉籽壳40%，玉米芯18%，磷肥1%，石灰1%。

⑤金针菇菌渣（也称菌糠）87%，米糠10%，石灰2%，石膏1%。

（2）发酵料床（畦）式栽培原料及其配方。

①稻草40%，玉米秆40%，畜禽粪15%，尿素0.5%，磷肥1%，石灰3.5%。

②玉米芯94%，尿素1%，磷肥2%，石灰3%。

③稻草或麦草80%，畜禽粪15%，尿素1%，磷肥1.5%，石灰2.5%。

④金针菇菌渣73%，干牛粪20%，尿素1%，磷肥2%，石灰4%。

⑤棉籽壳94%，尿素0.5%，磷肥2%，石灰2%，石膏1.5%。

⑥农作物秸秆45%，废棉45%，麦麸10%。

 146. 覆土对于鸡腿蘑栽培有什么作用?

覆土是鸡腿蘑必需的生活条件之一，鸡腿蘑子实体的形成（分化）和生长都需要在土壤基质中进行，如果不覆土，将难以出菇。覆土可保持和调节培养料内水分状况；可改变料层中二氧化碳和氧的比例，增加二氧化碳浓度，有利于菌丝及时扭结成原基；土壤中有许多有益微生物，能分泌刺激子实体形成的物质。同时，覆土后能缓和培养料内温、湿度的急剧变化，保护菌丝体和子实体不受伤害并能支撑子实体生长。

 147. 鸡腿蘑对覆土材料有哪些基本要求?

覆土材料要求土质疏松，腐殖质含量丰富，持水性和透气性良好，覆土pH值呈中性或微碱性。覆土材料以选择草炭土为好，但国内大部分地区缺乏草炭土资源，实际生产中一般就地取材。

 148. 发酵料畦床式栽培鸡腿蘑，怎样进行铺料和播种?

当料温降至30℃以下时就可铺料播种。播种方法有层播、穴播和微播。

一般多采用层播法。先铺一层料（5~7cm），撒上一层菌种，接着铺第二层料，撒第二层菌种，其余的料全部铺在第三层，撒上剩下的菌种。稍拍实拍平，最上面覆盖一薄层发酵料或湿麦糠，覆盖薄膜保湿，总厚度15~20cm。每平方米用料20~25kg（以干重计），菌种5~6瓶，菌种分配是上层占40%，中下层各占30%。

穴播即在铺好的料面上以10cm×10cm穴距挖穴播种。每挖一穴放入一块菌种，随即用料覆盖。播种完后，将余下的碎菌种撒在料面上，稍拍实，覆盖一薄层发酵料或湿麦糠。

微播法多用于麦粒菌种。先将1/2料铺在畦床上，其余的料与2/3的菌种混合均匀后，覆盖在畦床料面上，余下的1/3的菌种全部撒在料层表面，最后覆盖一薄层发酵料或湿麦糠，覆盖薄膜保湿。

149. 鸡腿蘑畦床式栽培怎样进行发菌管理？

发菌管理的目的是给予菌丝适宜的生长条件，促进菌丝尽快萌发和蔓延。管理工作的重点是控温、保湿，适当通风和避光。一般播种后18~20天菌丝可发至料底。播种后的前3天以保湿为主，一般不打开门窗通风。温度较高时，可以在上午开几个通风孔短时通风，保持菇房空气相对湿度为85%~90%。播种3天以后，菌种萌发定植，可适当加大通风量，随着菌丝生长，通风量随之加大，将空气相对湿度控制为80%左右，温度保持为22~26℃，高于25℃，要加强通风散热。尤其是播种3天后，随菌丝生长料温升高，要注意降温，严防烧菌。若菇房温度低于15℃，要增加保温措施。

150. 鸡腿蘑栽培怎样覆土？

覆土的具体时间应依据菌丝的生长情况而定。一般是当菌丝长到料底或蔓延至料层2/3时覆土，在播种后的第18~20天进行。

覆土材料使用前先用石灰水调至中性，将含水量调为25%~30%，然后将调好的覆土材料均匀地撒在料面。覆土厚度（3~5cm）依实际情况而定。料层较厚时覆土也随之稍厚，反之亦然。覆土较厚时，出菇较迟，鸡腿蘑数目少，但菇体肥大；覆土较薄时，出菇较快，菇体小，鸡腿蘑数目多。覆土的厚度还要视品种特性和覆土材料的结构而定。大粒（肥厚）型品种，覆土稍薄些，反之，则覆土应厚些。适当减少出菇密度，有利于菇体长大。有机质丰富、孔隙度大的覆土材料，覆土可厚些；黏性大、孔隙度小的材料覆土宜薄。

151. 覆土后怎样进行管理？

覆土前期将温度保持为 22~26℃，空气相对湿度为 85% 左右，仍保持黑暗，促进菌丝尽快布满覆土层。这个过程称为"吊菌丝"。覆土后期，当原基开始形成时，应将菇房温度降至 18~20℃，空气相对湿度提高到 80%~90%，并给予一定散射光，以利菌丝扭结成原基。当土层表面有大量米粒状原基出现后，转入出菇管理。

152. 鸡腿蘑栽培怎样进行出菇管理？

鸡腿蘑出菇管理，包括对温、湿、气、光的综合调控。

（1）温度调节。子实体生长温度应控制为 12~24℃，在保证适温条件下，适当拉大昼夜温差，白天维持在稍高状态，夜间加大通风降温，使昼夜温差达 6~8℃，可促使出菇早，产量高。

（2）水分管理调节。空气湿度为 85%~90%。原基和菇蕾期，不可直接向菇床喷水，只能向空间或地面喷水保湿。待幼菇形成和生长时，可直接向菌床喷雾状水，喷水量以床面湿润为宜，不能形成积水，以免病虫侵染导致幼菇死亡。当菇房保湿性差，气温高，天气干燥，出菇多或者料层较厚时，喷水量适当加大；反之，酌情减少。在高温、高湿状态下，要特别注意菇房通风。

（3）通风管理。通风要和温、湿度的变化紧密结合。气温高，湿度大时，加大通风量。低温时，可在中午进行通风。有寒流时，则关闭门窗和全部通风孔。

（4）光照。发菌阶段需要避光，子实体生长阶段则需要散射光。在子实体发育阶段，为了提高商品质量，大多先用黑色薄膜做拱棚（遮雨棚），有利于抑制鳞片色泽褐变。

153. 鸡腿蘑栽培怎样进行采收后转潮期的管理？

鸡腿蘑可采 3~4 潮。每采收完一潮菇后，及时将床面上的老菇根、残菇和烂菇清除干净，挖掉被污染的覆土，用调湿好的新土填平，再用 pH 值为 8 的石灰水喷洒床面，使覆土和料层含水量达到适宜程度，盖好塑料薄膜养菌。待新一茬菇蕾形成后，揭去塑料薄膜进行出菇期管理，经 8~10 天，即可采菇。

154. 袋栽鸡腿蘑，怎样进行菌袋的脱袋与覆土？

将已发好菌的菌袋脱去塑料袋，排放于出菇场所。菌袋排放有两种方式，即横卧排放和直立排放。据研究，直立排放较横卧排放出菇快、污染率低，生物学效率较高。菌筒间相距 2~3cm，中间用覆土填平。在覆土前，要认真检查菌袋内菌丝生长情况，因为鸡腿蘑栽培过程中经常出现总状炭角菌类杂菌污染，凡出现部分菌丝变粗、变黄，有黄水的菌袋，就有可能受总状炭角菌类杂菌污染，应单独放置覆土出菇，防止传染其他菌袋。菌袋放好后，上面覆土 3~5cm。

覆土后浇 1 次重水，盖上塑料薄膜保湿。3 天后揭膜通风，同时雾状喷水保持料面湿润，适当增加散射光促使菌丝体向子实体发育。正常情况下，覆土后 10~20 天，菌丝可布满床面并逐渐扭结成菇蕾，进入出菇管理期。

155. 如何进行鸡腿蘑免脱袋覆土栽培？

鸡腿蘑免脱袋覆土栽培一般采用发酵料作为栽培料，采用长 55 cm、折径 50cm 的聚乙烯塑料袋制作菌袋，每袋装料高 15cm，用种量为栽培料质量的 10%，采用 3 层菌种层、2 层栽培料层的装袋方式，栽培料层夹于菌种层之间进行装袋，制得菌袋。待菌袋菌丝满袋后 5 天，将菌袋上口打开，菌袋直立，覆盖消毒后覆土，覆土厚度为 2cm，然后采用常规管理即可。该栽培方法避免了脱袋制畦的烦琐步骤及脱袋后菌袋之间交叉感染病虫害的风险。

第十节 猴头菇

156. 猴头菇的原始生长环境及分布？

猴头菇又名猴头菌、刺猬菌、山伏菌、猴头蘑、花菜菌等，因外形酷似猴头而得名。猴头菇多发生于春、秋两季，生长在深山密林中的栎类以及其他阔叶树的活立木的死结、树洞及腐木上。猴头菇主要分布于亚洲、欧洲和北美洲。在我国各地广为分布，以大兴安岭、天山、阿尔泰山、西南横断山脉和喜马拉雅山等林区尤多。包括黑龙江、吉林、内蒙古、河北、河南、陕西、山西、甘肃、四川、湖北、湖南、广西、云南、西藏、浙江、福建等地。

157. 猴头菇的营养价值及栽培前景如何？

　　猴头菇是一种食药兼用的珍稀菌，肉质细嫩可口，营养价值高，素有"山珍猴头，海味燕窝"之称。每 100g 猴头菇干品含蛋白质 26.3g、脂肪 4.2g、碳水化合物 44.9g、粗纤维 6.4g、水分 10.2g、磷 856mg、铁 18mg、钙 2mg、维生素 B_1（硫胺素）0.69mg、维生素 B_2（核黄素）1.89mg、胡萝卜素 0.01mg、维生素 B_3（烟酸）16.2mg、热量 323kcal。它还含有 16 种氨基酸，其中 7 种属人体必需氨基酸，总量为 11.12mg。另外，猴头菇还具有抗炎和抗溃疡、抗肿瘤、降血糖、抗氧化和抗衰老等药用价值。猴头菇目前开发产品有猴头菇糕点、猴头菇保健酒、猴头菇保健酸奶、猴头菇保健茶、猴头菇药品等。猴头菇作为一种食药兼用的珍稀菌，营养和药用价值高，人工代料栽培技术成熟而备受人们青睐，市场前景广阔。

158. 常见猴头菇分为哪些种类？

　　猴头菇分为高山猴头菇、针猴头菇和珊瑚状猴头菇 3 种。高山猴头菇又称雾猴头菇，夏秋多野生于海拔 3 000m 以上的云杉、冷杉和箭竹林带中的枯树或倒木上。针猴头菇又称小刺猴头菇，日本称为猴子头，多野生于栎属的阔叶林腐朽枯木或倒木上，成熟后多呈茶褐色，可食，味道甚佳。珊瑚状猴头菇又称玉髯菇、红猴头菇、羊毛菌。珊瑚状猴头菇的主要特征是子实体从基部长出数枚主枝。每枚主枝上又生出短而细的小分支，小分支上再生出丛状密集的短菌刺，菌刺纤细，呈针状，顶端尖，菌刺长 0.5~15cm，子实体形如珊瑚，故名珊瑚状猴头菇。

159. 猴头菇的营养条件是什么？

　　猴头菇是一种木腐菌，分解木质素、纤维素的能力相当强。猴头菇在生长发育过程中分解纤维素、木质素、半纤维素等作碳源营养，分解蛋白质、氨基酸等有机物质，吸收利用无机氮化物作氮素营养。同时还需要一定量的钾、镁、钙、铁、铜、锌等矿质营养。目前棉籽壳、锯木屑、稻麦秸秆、棉花秸秆等，已被用作碳素营养的来源。猴头菇的氮源来自蛋白质等有机氮化物的分解。锯木屑、棉秆、甘蔗渣等蛋白质含量较低，必须添加含氮量较高的麦麸、玉米面等物质。在猴头菇营养生长阶段碳氮比 25∶1，在生殖生长阶段碳氮比（35~45）∶1。

160. 猴头菇对环境温度条件有何要求？

猴头菇属低温型真菌。菌丝生长的温度为 10~34℃，最适为 19~25℃。子实体属低温结实和恒温结实型，最适温度为 18~21℃。菌丝体在 0~4℃温度下保存半年仍能生长旺盛。

 161. 猴头菇对湿度有何要求？

菌丝体和子实体生长要求培养料的含水量为 65% 左右；子实体生长发育的最适空气相对湿度一般为 85%~95%。在这种条件下，子实体生长迅速，颜色洁白；如相对湿度低于 60%，子实体很快干缩，颜色变黄，生长停止；如相对湿度长期高于 95% 以上，会生长长刺，很易形成畸形的子实体，产量低。

 162. 猴头菇对光线和酸碱度有何要求？

猴头菇菌丝生长不需要光线。子实体分化需要少量的散射光，以 50~400Lx 为宜，弱光下子实体洁白，品质好，光线过强，达到 2 000Lx 时，子实体颜色变黄且生长缓慢。猴头菇是喜酸性菌类，在中性或碱性培养料中很难生长，菌丝可在 pH 值 2.5~5.0 生长发育，最适 pH 值为 4，因此在拌料时把 pH 值调到 5.5~5.8。当 pH 值小于 2 或大于 9 时，菌丝停止生长。由于猴头菇菌丝在生长过程中会不断分泌有机酸，因此在培养后期基质会过度酸化，抑制菌丝生长。为了稳定培养基 pH 值，在配制培养基时可加入常加入 0.2% 的磷酸二氢钾或 1% 的石膏粉作为缓冲剂。

 163. 栽培猴头菇最好在什么季节？

猴头菇属于低温结实和恒温结实性，因此，通常一年春、秋两季都可栽培，9 月底至 10 月初播种至翌年 1 月上中旬为第一次栽培时间；1 月中下旬至5 月上中旬为第二次栽培时间。秋季在 9 月自然气温 25~28℃ 时接种，1 个月后，正值菌蕾形成时，气温下降到 20℃ 左右。这样前期气温较高，有利于菌丝良好生长，后期气温下降，又适合于子实体的生长。春季以气温回升后的季节开始接种，这时温度适宜，有利于子实体的生长，但由于猴头菇菌丝对温度的要求比子实体高，若能在菌丝体培养阶段采用保温措施，就可以适当早点接种，延长子实体生长时间，提高产出量。值得注意的是，由于各地自然条件复杂，气候各异，应根据品种特性和当地的气候条件确定适宜的接种期。

164. 栽培猴头菇常见的配方有哪些？

猴头菇属于木腐菌，用于栽培猴头菇的材料有锯木屑、木薯渣、甘蔗渣、棉籽壳、甘薯粉、玉米芯及其他材料酿酒后的酒糟等，其中以酒糟和棉籽壳为主的培养料栽培猴头菇产出量最高。辅料中可添加麦麸、米糠、蔗糖、石膏、磷酸二氢钾等营养成分较高的物质。培养料的选择，应根据本地资源情况，因地制宜开发利用。常见参考配方如下。

（1）棉籽壳86%，米糠5%，麦麸5%，过磷酸钙2%，石膏粉1%，蔗糖1%。水分65%~70%。

（2）甘蔗渣78%，米糠10%，麦麸10%，石膏粉1%，蔗糖1%。水分65%~70%。

（3）玉米芯50%，木屑15%，米糠10%，麦麸10%，棉籽饼8%，玉米粉5%，石膏粉1%，蔗糖1%。水分65%~70%。

（4）酒糟80%，豆饼8%，麦麸10%，石膏粉1%，蔗糖1%。水分65%~70%。

 165. 猴头菇的栽培场所有何要求？

菇房应选择地势较高、坐北朝南、排水方便并近水源、周围较开阔、空气新鲜、有培养料处理场地、附近无有害气体和污染源的地方。四周最好有绿化带，能防止烟雾，净化空气。菇房应有50~400Lx的微弱散射光，且光线均匀，能保湿，通风良好。专门的猴头菇栽培室以长7~8m、宽4m、高2.5~3m为宜。栽培瓶有相应的培养架放置，以节省空间、方便管理为基准。通常每室放两个多层培养架，每架4~5层，层间距6cm左右，架宽1~1.2m，架与架之间留大约70cm宽的走道。

对着走道的墙上，上下各开一个0.13m²的窗子，上窗的上口平屋檐，下窗的下口离地面10~15cm。如果室内仅有中上部窗子，就必须要开若干地窗，开于紧靠地面处，窗上装有铁丝纱窗。山洞或人防工程地下室也是栽培猴头菇较好的场所，其湿度较高，也容易保温，须用日光灯和鼓风机调节光照和通风。菇房和菇床均易感染杂菌、易受虫害，因此，每季栽培结束后都应彻底打扫干净，并进行严格消毒。

 166. 培养料制作有哪些要求？

在配料前，要求选取新鲜、无霉变、无虫害的原料，凡是棉籽壳、麦麸、酒渣等原料越新鲜越好。但木屑越陈旧越好，最好是把木屑堆于室外，日晒雨淋数月甚至整年，除去怪味再用。拌料时要注意湿度，与通常药用菌栽培料相比，猴头菇秋季栽培培养料偏湿，含水量以 70% 为宜。根据经验，用手紧握料，指缝间有两三滴水渗出为宜。春季栽培培养料偏干，含水量以 65% 为宜。猴头菇对多菌灵敏感，不可使用或添加此类杀菌剂。

167. 猴头菇引种有哪些要求？

选用抗病抗逆性强、适性广的菌株，并定期复壮；从具相应资质的供种单位引种，并可以清楚地追溯菌种的来源。新引进菌株应通过出菇试验，观察其农艺性状及生产性能。制备生长健壮、菌龄适宜、不带病杂菌及虫螨的优质菌种；栽培用菌种进行杂菌及害虫的检验，污染杂菌或发菌不良者不能使用。

168. 猴头菇菌袋制作与灭菌有哪些要求？

猴头菇栽培目前多用低压聚乙烯小袋装料，两头出菇或打孔定位出菇，通常采用规格（16~18）cm×（33~36）cm，厚度 0.003cm 左右，每袋装干料为 0.35~0.4kg。常压灭菌，在常压下保持 100℃，8~12 小时为佳。高压灭菌时，保持 0.15MPa，2~3 小时。无论常压还是高压灭菌，均须灭菌前排尽冷空气。

169. 猴头菇接种与培菌应注意哪些事项？

按常规接种法严格处理，切实注意接种前、中、后的消毒灭菌。接种时要注意把菌种压实，使菌丝吃料均匀，发得快。接种后，及时移入经过消毒的栽培室内培养。猴头菇接种后，如果是春季栽培，需马上加温至 24~28℃（秋季可利用自然温度），这是因为猴头菇菌丝对气温很敏感，气温适合就长得特别快，能抑制杂菌的生长，还能在 4 月上中旬出第一潮菇，避过高温获得高产。但须注意的是加温必须加湿，增加空气对流，排除多余的二氧化碳。

170. 猴头菇出菇管理应注意哪些事项？

菌袋发满菌后，准备进入出菇阶段，此时菇房温度应保持为 15~20℃，以 18℃ 左右为宜。空气相对湿度控制为 80%~90%。调节湿度时应注意喷水，根据环境状况每天向室内喷水 2~3 次，切忌直接往子实体上喷水。高温过高要采取必要的降温措施。温度过低要加强增温保温措施且提高相对湿度，保证出菇质量。猴头菇是耗气型菌类，子实体生长要求有充足的新鲜的空气，通风良好，子实体个大，质紧色白，生长快，产量高，菌刺长短适中，商品性好。否则产量降低，甚至会出现畸形，因此，应注意菇房的通风换气，每天定时打开通气孔。高温时多在早晚通风，低温时可在中午通风，经常保持菇房的空气新鲜。猴头菇子实体虽然能在黑暗条件下形成，但常会出现畸形菇，而强光也不利于子实体的形成。在菌丝长到菌袋 1/3~2/3 时，可给予适当光照刺激，促进子实体形成，一般以光照强度 150~300Lx 为宜，这样经 15 天左右猴头菇的子实体即可成熟。

171. 猴头菇采收及采收后有何技术要求？

当猴头菇菌刺充分伸展，六至八成熟时应及时采收，采收过早会影响产量及品质，采收过晚则子实体质松、味苦，且影响产量。采收时用手握住菌柄，轻微旋扭就可采下。猴头菇整个成长期可采 2~5 潮，工厂化生产一般 1~2 潮，采收后及时清理料面，停止一周后喷水，过 15 天左右就会长出新的子实体。因为猴头菇保鲜时间短，不能超过 24 小时，所以在采收后除鲜销外，都是晾干后密封储存。

172. 防治猴头菇病虫害应遵循什么原则？

一旦发现危害，就要认真分析，判断原因，采用农业防治、生态防治、生物防治、物理防治等各种绿色防控措施，在各个栽培管理的技术环节上，杜绝或减少病虫入侵的途径和机会，将病虫危害降到最低限度。在确实需要用化学药剂防治时，只能使用低毒的，而且应在未出菇前或每潮菇采收后进行，并注意少量、局部施用，绝不能直接喷于菇体上，以免影响人体健康。

第十一节　黄　伞

173. 什么是黄伞？

黄伞又名肥鳞伞、多脂鳞伞、金柳菇、黄柳菇、柳松菇、柳蘑。黄伞主要生长在秋季的柳、杨、桦等树干上，有时也生长在榆、松等针叶树的树干上。

174. 黄伞的营养成分有哪些?

每 100g 干黄伞中含粗蛋白 33.76g、纯蛋白 15.13g、脂肪 4.05g、总糖 38.79g、灰分 8.99g,蛋白质中氨基酸含量高,总量为 12.45mg,其中含有人体所必需的 8 种氨基酸。

175. 黄伞有哪些药用功能?

黄伞菌盖表面有一层特殊的黏液,生化分析表明,该物质是一种核酸,具有恢复人体精力和脑力的效果。

176. 黄伞的形态特征有哪些?

(1) 菌丝体。菌丝粗壮,菌落绒毡状,致密,白色,后期分泌淡黄色至橘黄色的色素,菌丝的前端形成菌索状。

(2) 子实体。子实体单生或群生,菌盖 3~14cm;初期呈扁平半球形,边缘内卷,后逐渐平展;表面湿润时黏滑,有黄褐色的平伏鳞片或白色鳞片。菌肉白色至淡黄色。菌褶浅黄色至锈褐色,直生或近弯生,稍密。菌柄粗壮,长 5~12cm,直径 1~3cm,中实,上黄下褐色,有小鳞片。菌环淡黄色,膜质,生柄上部,极易脱落。成熟时可放出大量的锈色孢子,孢子呈椭圆形,光滑,直径 (7.5~10) μm× (5~6.5) μm。

177. 黄伞的生长条件是什么?

(1) 营养。黄伞属于木腐性菌类,对纤维素、半纤维素的分解能力较强。人工栽培时,以木屑为主料,适当添加麦麸(或米糠)、玉米粉等,便可满足其营养条件。菌丝生长的碳源以淀粉和葡萄糖为宜,子实体生长的碳源以麦芽糖为主。蔗糖有利于菌丝的生长,但作为单一的碳源很难形成子实体。

(2) 温度。黄伞属于低温型真菌,菌丝生长温度为 5~35℃,最适宜温度范围为 23~25℃;子实体在 8~28℃均能生长,在 15~18℃范围内最适宜,原基分化温度约为 18℃。

(3) 湿度。在菌丝生长阶段,培养料的含水量为 65% 左右。出菇期对湿度有较高的要求,相对湿度为 85%~90%。

(4) 空气。黄伞属于好氧型真菌,无论是菌丝体的生长还是子实体的发育都要求有充足的氧气。但在菌丝体生长成熟后,可适当提高菇房内二氧化碳的浓度,可较好的次级出菇。

（5）光照。在菌丝生长过程中不需要光线，但在发菌中后期可适当给予光线刺激，有利于原基的形成。子实体在生长期间需要 400～800Lx 的光强，光照强弱对菇质的影响不大。

（6）酸碱度。黄伞生长的 pH 值范围为 5.0～11.0，但当 pH 值低于 6.0 或高于 9.5 时，就会导致菌丝生长速度减慢。研究证明，pH 值为 6.5～9.5，菌丝生长速率基本不变，菌丝生长的最适 pH 值为 7～8。

178. 黄伞适宜在几月栽培种植？

根据生料栽培的特点，黄伞生料的栽培时间以 10 月至翌年 1 月为宜，菌袋制作期以最佳出菇季节前 2 个月左右进行。

179. 黄伞的栽培料配方有哪些？

（1）棉籽壳 84%，麦麸 15%，石膏粉 1%。
（2）棉籽壳 78%，杂木屑 10%，麦麸 10%，石灰 2%。
（3）杂木屑 50%，豆秸 30%，麦麸 15%，玉米粉 5%。
（4）杂木屑或棉籽壳 78%，麦麸 20%，蔗糖 1%，石膏粉 1%。
（5）杂木屑 30%，棉籽壳 25%，玉米芯 25%，麦麸 15%，玉米粉 5%。

180. 黄伞发菌期管理需要注意哪些问题？

（1）通风换气。培养室内的相对湿度应保持在 60% 左右。如遇雨天返潮可在地面上撒石灰粉或垫上 2cm 厚的沙子来进行吸潮。在室外搭棚养菌或在树林下养菌，要注意防风、防雨及防止太阳直射培养基。

（2）每隔 20 天左右要倒箱 1 次。

（3）防止杂菌污染。对于菌丝已成活，只局部污染青霉、木霉的培养块，可打开薄膜，在霉菌落上撒石灰粉，再用薄膜包好，用土埋起来，到秋季天气转凉后，再取菌、出菇。若是整块培养基被污染，菌丝就不可能存活了。

181. 黄伞出菇管理期间需要注意的问题有哪些？

（1）出菇室温度应控制为 18℃ 左右，空气湿度为 80% 左右，先闭窗保湿闷菌 2 天，使菌袋两端裸露的料面上长出一层气生菌丝，然后通风拉大室内的昼夜温差，促进原基的形成。通风前必须先喷水，经 1 周左右，袋两端形成一层黄色的米粒状原基。

（2）菌盖逐渐伸展，此时应加大通风，在菌盖伸展平展并开始弹射锈色孢子时应及时采收，一般从原基形成到采收需 8~10 天。

（3）在春栽 4—5 月出二潮菇后，可在室外林下挖宽 60cm、深 10cm、长 10cm 的沟，菌棒脱袋后平摆于沟内，袋与袋靠紧，上面覆 1cm 厚的土，沟内用水浸泡，然后在上面覆膜，膜上面再覆 2cm 厚土，以达到保湿控温的效果，至 9 月掀膜喷水后再进行出菇管理，还可以再出二潮菇，可使总生物转化率达 120%。

182. 黄伞的病害有哪些种类以及如何防治？

绿色木霉是主要的病害，侵染培养料，抑制菌丝的生长。应采取以下措施：培养料的发酵要均匀彻底，装袋后要尽快用高压灭菌，保证在无菌的条件下接种，还要同时检查菌袋上有没有破洞，如果有破洞要及时用胶带粘住或用石灰浆涂抹，隔绝杂菌的侵入。发菌期间保持良好通风，袋温控制在 28℃以内。

183. 黄伞的虫害如何进行防治？

及时清理废袋，并用荧光灯进行诱杀，加强通风并向墙壁喷水，降低温度，每隔 7 天用灭蚜剂熏杀，杜绝使用敌敌畏及其他高磷剧毒的农药喷洒。

184. 采收黄伞时应该注意哪些问题？

黄伞从现蕾到子实体成熟需要 6~8 天，当菌盖呈半球形，菌幕尚未破裂，菌褶呈黄色，七八成熟时及时采收，以免生长过度，从而影响黄伞的商品质量。当菌盖完全平展，菌幕破裂，菌褶变成锈则老熟过度，失去商品价值。采收时，用手捏住黄伞的子实体轻轻拔出。黄伞质地脆嫩，采收和运输时都应轻拿轻放，防止菇体裂开，降低品质。采收完毕后再用刀割掉杂质，进行分级加工。

185. 黄伞可以分几级？

将采收的鲜菇拣去畸形菇、变色菇、虫蛀菇及其他杂物，切去菇蒂，保留 1~2cm 长的菌柄，然后按标准分成三级。一级菇：菌盖直径 1.2cm，未开伞。二级菇：菌盖直径 2~3cm，半开伞。三级菇：菌盖直径 3cm 以上，全开伞。

186. 黄伞栽培如何进行原木的选择？

用于栽培黄伞的原木，几乎大部分的阔叶树都可以使用，但是最适合的栽培原木应选择那些材质比较疏松、容易腐烂的树种。针叶树中只有落叶松可以用来栽培黄伞。选择原木时，要注意以下几点：原木上无虫痕，无杂菌附着；不用因为砍伐和搬运中而导致伤痕、树皮容易剥落的原木；避免用砍伐期及其后期管理不好、树皮干燥后容易剥落的原木；不用砍伐后隔年和过夏后失水过多的原木。

187. 黄伞原木栽培如何进行菇场选择?

菇场是堆放菇木并使其发菌、出菇的地方。菇场环境的好坏对黄伞产量和质量都有很大的影响，选择菇场主要从温度、湿度、水源、菇木资源及周边环境等方面综合考虑。

菇场应选朝南或东南方向的山腰或坡地，尤以能避免干燥寒冷的西北风侵袭，通风良好，夏季有凉爽感，可接受温暖潮湿的东南风、地势平缓的场地为好。若是平地，应选择地势稍高、排水顺畅、靠近水源、空气流通、无污染源、交通方便的场所。

188. 黄伞原木栽培如何清理选定好的菇场?

（1）将过密的树木清除，在菇场留下适当的遮阴树，将余下的树砍作菇木，同时清除菇场内 6m 以下所有树枝、灌草杂草，以利于通风。

（2）对菇场内及周围 15m 内的枯枝落叶进行清除，尤其是腐枝叶和老枯木，更应清除并烧掉。

（3）把地面整平，如为坡地，可修成水平梯田，并在地面撒石灰粉和喷洒消毒水消毒灭虫。

（4）如果菇场内遮阴度不够，必须搭盖遮阴棚。

189. 黄伞原木栽培如何确定接种时间?

黄伞的接种期取决于当地的气温条件和原木的含水量。黄伞的菌丝在 5～30℃均可生长。黄伞菌丝在 10℃ 以下生长缓慢些，但这时接种可减少杂菌的污染。当温度高于 30℃ 时，菌丝生长纤弱，不易成活。因此，结合砍伐期，在当地气温超过 5℃ 的情况下，可以进行接种，这样可以提前出菇。

190. 黄伞原木栽培接种时原木的含水量应在什么水平?

原木中的水分适宜，是保证接种后菌丝成活的重要因素之一，一般菇树在截断后 15 天内含水量达 45% 左右时，接种成活率最高。在打孔时，原木不出水，树心因为水分蒸发而出现细小裂痕，说明含水量适宜。

第十二节　滑　菇

 191. 滑菇有哪些营养价值和药用价值?

滑菇又名光帽磷伞、光帽黄伞，俗称珍珠菇，商品名为滑子蘑、滑子菇。滑菇营养丰富，味美可口，鲜滑菇口感极佳，具有滑、鲜、嫩、脆的特点，是一种低热量、低脂肪的保健食品，滑菇因菌盖表面有黏液而得名，这种黏液有抑制肿瘤作用和功效。每100g滑菇含有粗蛋白33~35g、脂肪4.25g、碳水化合物64.8g、可溶性糖类38.89g，还含有多种维生素。滑菇除食用价值较高外，还具有较高的药用价值，菌盖表面所分泌的黏多糖，能提高机体的免疫力，对肿瘤有抑制作用，还可预防大肠杆菌、结核杆菌、肺炎球菌等病毒感染。

 192. 滑菇的子实体有哪些形态特征?

滑菇子实体丛生，成熟的子实体由四部分组成，分别为菌盖、菌褶、菌柄和菌环。滑菇菌盖伞形小，菌盖表面黄褐色，无鳞片，附有一层极黏滑的黏胶质（主要成分为氨基酸），菌肉淡黄色至黄色，中部红褐色，菌褶较密，直生。菌盖直径2.5~8.5cm，初扁半球形，开伞后平展或中部稍凹。菌柄中生，近圆柱形，长2~7cm，粗0.5~1cm，有时基部稍粗，黄色，内部松软。菌环黄色，生于柄的上部，成熟时易脱落消失。

 193. 滑菇主要分为哪几类?

（1）按菌盖色泽分为深黄色和浅黄色两大品系。深黄色品系，菌盖深黄色，中间颜色较深，表面黏质多，菌褶咖啡色，菌柄较粗，产量高，口感好，但是易褐变；浅黄色品系，菌盖中间浅黄色，表面黏质少，质地脆嫩，色泽艳丽，菌褶颜色浅咖啡色，菌柄略细。

（2）按子实体发生温度的不同，滑菇分为低温型（5~10℃出菇）、中温型（7~12℃出菇）、高温型（7~20℃出菇）。

194. 滑菇菌丝体有哪些特征?

滑菇的菌丝有单核菌丝和双核菌丝，单核菌丝是由担孢子萌发形成的初生菌丝；双核菌丝是由不同交配型的初生菌丝相互交配融合形成双核的次生菌丝，次生菌丝有锁状联合。滑菇菌丝呈绒毛状，生长初期为白色，随着生长时间逐渐变为乳黄色。

菌丝的主要作用是从基质中分解、吸收、运送营养，为菌丝繁殖和子实体生长发育提供养分。

 195. 滑菇的栽培季节如何安排？

滑菇是低温变温结实的菌类，栽培季节的选择需要根据各地的气候条件、栽培模式、品种特性进行安排，一般是低温季节接种、高温季节发菌、低温季节出菇的栽培方式。北方一般采用春种秋收，早春季节开始栽培，2月中旬至4月上旬接种，5—8月发菌，9—11月出菇。

 196. 滑菇有哪几种栽培方式？其工艺流程包括哪些环节？

滑菇的栽培方式主要有两种：盘栽和袋栽。现在盘栽模式已经很少见了，主要还是采用袋栽模式。袋栽滑菇生产过程简单，便于集约化、自动化栽培，生产效率高，已成为滑菇的主要栽培模式。

滑菇盘栽主要工艺流程：托盘制作→培养料配制→拌料→灭菌→出锅→装盘→冷却→接种→室外堆放→菌盘上架→菌丝培养→菌盘开膜→催蕾→出菇期管理→采收。

滑菇袋栽主要工艺流程：培养料配制→拌料→装袋→灭菌→冷却→接种→菌丝培养→转色→开袋→出菇→采收。

 197. 滑菇栽培主要的原辅料有哪些？

滑菇是一种木腐菌，在自然界多生长于壳斗科等阔叶树的倒木或树桩上，能分泌多种胞内酶和胞外酶，以分解和利用培养料中的营养物质。滑菇生长发育主要需要碳源、氮源、矿质元素、微量元素和维生素等几大类。其主要栽培原料有木屑、棉籽壳、秸秆、麦麸、米糠、饼肥等富含木质素、纤维素、半纤维素、蛋白质、矿物质的农副产品。此外，一些矿物元素（磷、钾、硫、镁、钙等）及维生素（维生素 B_1、维生素 B_2、烟酸等）在滑菇的生长过程中也是不可缺少的，但这些物质在上述农副产品中一般都含有，所以在人工栽培时一般不需要额外添加，另外，栽培辅料还需要加入适量石膏等。原料要求干燥、新鲜洁净、无虫无霉变。

198. 滑菇母种和栽培种配方有哪些?

（1）滑菇母种扩繁一般采用加富 PDA 培养基，在 22℃恒温培养 1 周，即可长满试管。

（2）原种和栽培种的常用的培养料配方。木屑 70%，稻壳 10%，麦麸 13%，玉米粉 6%，石膏 1%，水适量。

 199. 滑菇栽培生产常用配方有哪些?

（1）木屑 87%，米糠 10%，玉米粉 2%，石膏 1%。

（2）木屑 90%，麦麸 7%，玉米粉 2%，石膏 1%。

（3）木屑 50%，玉米芯 30%，稻壳 15%，玉米粉 2%，豆饼粉 2%，石膏 1%。

（4）玉米芯 80%，米糠 19%，石膏 1%。

（5）棉籽壳 95%，麦麸 4%，石膏 1%。

（6）木屑 45%，豆秸 45%，麦麸 9%，石膏 1%。

以上各配方含水量要求 60%~65%，pH 值自然。

 200. 滑菇菌丝生长和出菇对培养料的酸碱度有哪些要求?

滑菇菌丝适合微酸环境生长，适宜在 pH 值 5.5~7.0 范围内生长，pH 值超过 8.0 时停止生长。

 201. 滑菇菌丝生长和出菇对温度有哪些要求?

滑菇是低温型食用菌，孢子萌发温度 25~28℃，菌丝生长最适温度为 20~25℃，超过 30℃停止，35℃以上逐渐死亡；出菇温度一般在 5~20℃，子实体分化温度 7~20℃，最适 15℃左右，昼夜 10℃以上的温差有利于原基形成，但不同的品系之间子实体发生的上限温度有明显差异。根据出菇温度的不同，滑菇又分为极早生种（出菇温度 7~20℃）、早生种（出菇温度 10~20℃）、中生种（出菇温度 8~16℃）、晚生种（出菇温度 5~12℃）。

 202. 滑菇菌丝生长和出菇对光照有什么要求?

滑菇菌丝生长阶段受光照影响比较小，一般不需要光线，黑暗条件下菌丝生长旺盛，但在菌丝生理成熟时光线具有诱导出菇的作用。子实体生长发育不需要直射光，但必须有足够的散射光，一般 300~800Lx 光照强度可促进子实体形成。

203. 滑菇菌丝生长和出菇对空气有什么要求？

滑子蘑是好气性食用菌，菌丝生长和子实体发育都需要一定量的氧气，因此，在人工栽培时要经常注意通风换气，及时排出二氧化碳。发菌期间缺氧，菌丝易出现老化，严重时还会自溶；出菇期通风不良，子实体生长缓慢，菇盖小、菇柄细、易开伞。

204. 滑菇袋栽管理过程有哪些关键技术环节？

袋栽滑菇一般采用直径 18~22cm、长 40~50cm 的聚乙烯或聚丙烯塑料袋装料，常压或高压灭菌，待料温降至 25℃ 以下接种，然后控制 20~25℃ 发菌。当菌丝满袋后，进行转色，等菇房温度降到 13~15℃ 时，剪去塑料袋袋口露出原基，准备出菇。子实体发育和出菇期间要保持空气湿度 85%~95%，注意通风，并给予适当散射光，小菇蕾逐渐形成黄色的幼菇，8~10 天后即可采收。

第十三节　海鲜菇

205. 什么是海鲜菇？

海鲜菇通常称为真姬菇或玉蕈、斑玉蕈，质地脆嫩，味道鲜美，具有海蟹味，故称为"蟹味菇""海鲜菇"。真姬菇有灰色和白色两个品系，遗传背景相同，属于同一个种。为便于区别，日本将菇盖上龟裂出美丽花纹的灰色品系，称为蟹味菇；通体雪白，长度 5~8cm 的白色品系，称为白玉菇。我国在白玉菇菇蕾形成后，通过调控栽培环境的温、光、水、气，尤其是控制栽培库内的二氧化碳浓度，促使菇柄伸长至 8~16cm，为了与白玉菇区别，商品名改称为海鲜菇。三者单位体积栽培料转化率有所不同，通常海鲜菇转化率比较高，蟹味菇次之，白玉菇最低。在自然条件下，真姬菇多于秋末、冬季、春初发生，属于中偏低温型、变温结实性菌类。常着生在壳斗科、山毛榉科及其他阔叶树的枯木、风倒木、树桩上，是典型的白腐生菌类。

206. 海鲜菇有哪些营养价值？

海鲜菇含有丰富维生素和 17 种氨基酸，其中赖氨酸、精氨酸的含量高于一般菇类，有助于青少年益智增高，抗癌、降低胆固醇。特别是子实体（即根以上部分）的提取物具有多种生理活性成分。其中真菌多糖、嘌呤、腺苷能增强免疫力，促进抗体形成，抗氧化成分能延缓衰老、美容等。

207. 海鲜菇子实体形态是怎样的？

海鲜菇子实体丛生，菌盖幼时球形，成熟后渐平展，直径 1~7.5cm，菌盖表面光滑，白色。菌柄较长、中生、内实，肉质白色，多为圆柱状，有时基部膨大，长度因不同菌株而异，菌柄直径 1.0~3.5cm。菌褶为片状，弯生或直生，呈密集排列，不等长，白色。担子棒状，其上着生 2~4 个担孢子。担孢子卵圆形，无色，光滑，内含颗粒。孢子印白色。

208. 海鲜菇菌丝体有哪些特征？

在 PDA 斜面试管上，海鲜菇菌丝洁白浓密，粗壮整齐、棉毛状、气生菌丝少、不分泌色素、不产生菌皮，能产生节孢子和厚垣孢子。菌丝成熟后呈浅灰色。单核菌丝纤细，细胞有分隔，无锁状联合，直径 1.1~1.8μm；双核菌丝直径 1.8~2.6μm，细胞狭长形，横隔相距较远，有锁状联合。木屑培养基上菌丝生长齐整，前端呈羽毛状，会在培养基外层形成根状菌索。海鲜菇为白腐菌，菌袋成熟后色转白，呈松软状。

209. 海鲜菇适宜的栽培温度是多少？

海鲜菇属中偏低温型食用菌，在自然条件下多于秋末、春初发生。菌丝生长温度 5~30℃，最适 20~25℃，超过 35℃ 或低于 4℃ 时菌丝不再生长，在 45℃ 以上无法存活。原基形成需 10~16℃ 较低温度刺激。子实体生长温度以 13~18℃ 最为理想。

210. 海鲜菇适宜的栽培湿度是多少？

海鲜菇培养料的含水量以 65% 为宜，出菇前栽培袋应适当补水，使培养料的含水量达到 70%~75%，才能满足海鲜菇的生长；菇蕾分化期间，菇房的相对湿度应调到 90%~95%；子实体生长阶段，菇房的相对湿度应调到 85%~90%，如果相对湿度长时间高于 95%，子实体易产生黄色斑点且质地松软。

211. 海鲜菇栽培适宜的光照范围是多少？

海鲜菇菌丝生长阶段无须光照，直射光线不仅会抑制生长，而且会使菌丝色泽变深；但在生殖阶段需要一定的弱光来促使原基的正常发育，光照与原基发生量有一定的相关性，黑暗会抑制菌盖的分化而产生畸形菇。子实体生长过程中有明显的向光性。出菇阶段光照控制在200~1 000Lx较为理想。

 212. 海鲜菇栽培空气如何控制？

海鲜菇为适度好气性真菌。菌丝对空气不敏感，但在不透气的环境中，随着呼吸时间延长，二氧化碳浓度提高，菌丝生长速度也会减缓。而在子实体发育过程中对二氧化碳相对较敏感，尤其是菇蕾分化对二氧化碳浓度非常敏感。菇蕾分化时菇房的二氧化碳浓度要求为0.05%~0.1%，子实体长大时菇房的二氧化碳浓度要求为0.2%~0.4%，实际操作中，往往通过减少换气把二氧化碳浓度提高在适当浓度，关窗盖膜来间歇地延缓开伞、促进长柄，提高品质和增加菇的产量。但如果菇房二氧化碳浓度长时间高于0.4%，子实体易出现畸形。

 213. 海鲜菇栽培适宜的酸碱度范围是多少？

菌丝在一定范围内（pH值5.0~8.0）对酸碱度要求不严格，菌丝在pH值4.0~8.5都可以生长，不同菌株对pH值要求有所差异，菌丝生长阶段以pH值6.5~7.5为好。因此，实际操作中，培养基以pH值8.0左右即可。

 214. 海鲜菇常用的培养料配方有哪些？

（1）木屑55%，棉籽壳29%，麦麸10%，玉米粉5%，石膏粉1%。

（2）棉籽壳83%，麦麸或玉米粉8%，黄豆粉4%，石灰粉2%，过磷酸钙3%。

（3）棉籽壳50%，玉米芯44%，麦麸5%，石膏粉1%。按常规装袋、装瓶、灭菌、接种和培养。

 215. 海鲜菇如何进行出菇管理？

海鲜菇原基分化2~3天后，菇蕾膨大呈分枝状，接着分枝长出上细下粗的菌柄，顶端分化出半球形菌盖。子实体生长发育过程中，菇房的温度控制为13~15℃，同时，加强通风换气，保持空气新鲜，增强光照，使光照强度达到500Lx左右，改善子实体色泽，提高海鲜菇的商品品质。

第十四节　荷叶离褶伞

216. 什么是荷叶离褶伞？

荷叶离褶伞在中国因其切片与名贵中药鹿茸相似而得名鹿茸菇，为食药兼用的大型真菌。荷叶离褶伞广泛分布于北半球温带地区，在我国辽宁、吉林、黑龙江、江苏、青海、四川、贵州、云南、新疆、内蒙古大兴安岭中南部等地都有分布。近年来，人工设施栽培集中在山东、广东、江苏、云南等省份，工厂化、规模化栽培主要集中在山东和江苏等地。

217. 荷叶离褶伞有哪些形态特征？

子实体中等，菌盖直径 5~16cm，扁半球形，中部下凹，灰白色至灰黄色，光滑，不黏，边缘平滑且初期内卷，后伸展呈不规则波状瓣裂。菌肉白色，中部厚。菌柄近柱形或稍扁，长 3~8cm，粗 0.7~1.8cm，白色，光滑，内实。孢子印白色。孢子无色，光滑，近球形，(5~7) μm×(4.8~6) μm。

218. 荷叶离褶伞子实体有什么营养价值？

荷叶离褶伞口感脆滑，味道鲜美。荷叶离褶伞子实体蛋白质含量（21.4%）高，氨基酸种类齐全（17 种），脂肪含量（1.44%）低，还包含对人体有益的微量元素锌等和大量的维生素 B 类以及烟酸，富含膳食纤维，具有很高的营养价值。子实体多糖具有良好的生物活性，具有抗肿瘤、提高免疫功能、抗菌作用、降血糖、降血脂等功效，有着广阔的生物医药开发和保健食品应用前景。

219. 荷叶离褶伞有哪些生物学特性？

荷叶离褶伞的菌丝生长温度为 5~35℃，最适温度为 25℃；子实体分化的温度为 13~22℃，最适温度为 19℃；0~3℃的温差有利于子实体的分化，温差大于 9℃子实体不能形成；孢子萌发的温度范围为 10~25℃，最适温度为 20℃；菌丝能在 pH 值 4~11 范围内生长，最适 pH 值为 4~5；菌丝和孢子的致死温度分别是 45℃ 30 分钟和 50℃ 15 分钟。

220. 荷叶离褶伞菌丝生长的最佳营养条件是什么？

培养荷叶离褶伞菌丝的最佳的碳源是果糖、麦芽糖和葡萄糖；有机态氮作为氮源是菌丝生长较好，牛肉膏、蛋白胨和酵母膏在菌丝生长除提供有效氮源外，其他营养物质也可促进菌丝生长；最佳碳氮比为（20~30）∶1。

 221. 荷叶离褶伞母种培养基配方有哪些？

荷叶离褶伞比较适宜的母种培养基配方有 3 种。

（1）PDA。马铃薯（去皮）200g，琼脂 20g，葡萄糖 20g，$MgSO_4$ 5g，KH_2PO_4 2g，水 1 000mL。

（2）PDA+阔叶树木屑 50g，加水熬制 40 分钟，取汁 1 000mL。

（3）PDA+100g 麦麸，煮汁 1 000mL。

 222. 荷叶离褶伞栽培种培养基配方有哪些？

荷叶离褶伞目前比较适宜栽培种的培养基配方有 3 种。

（1）玉米芯 78%，蔗糖 1%，麦麸 20%，石膏 1%。

（2）稻草切段（2cm）90%，麦麸 8%，石膏 1%，蔗糖 1%。

（3）玉米芯 70%，麦麸 20%，干鸡粪（牛粪）8%，石灰 2%。

在以上 3 种培养基中荷叶离褶伞菌丝长势情况良好、粗壮有力、边缘整齐、菌丝洁白、生长速度快。

 223. 荷叶离褶伞生产工艺是什么？

荷叶离褶伞三级菌生产工艺为：原料收集→粉碎→配料→搅拌→装袋→制菌棒→扣菌盖→灭菌→接菌→培养菌种→菇房管理→种菇→菇房管理→出菇管理→采菇→干制或加工处理→质量检验→包装贮存。

第十五节　巴氏蘑菇

 224. 什么是巴氏蘑菇？

巴氏蘑菇原产于巴西、秘鲁等美洲地区，又名姬松茸、巴西蘑菇。当地居民因喜欢采食巴氏蘑菇而健康和长寿，且癌症发病率极低，因此闻名于世。由于其营养丰富，美味可口，具有浓郁的杏仁香味，成为宴会和馈赠宾朋的极品。随着栽培规模的扩大，巴氏蘑菇也走上了中国家庭的餐桌，成为消费者有口皆碑的保健食品。

巴氏蘑菇含有丰富的蛋白质、多糖、多种矿物质元素和维生素，其中与抗癌有关的锗也含量丰富，营养保健价值高。特别是巴氏蘑菇提取物中所含的多糖β-葡聚糖，具有抗癌、抗凝血、降血脂、安神等作用；其提取物中所含的甘露聚糖对肿瘤，特别在腹水癌、治痔疮、增强人体免疫力等方面具有神奇的功效；其中的多元醇，具有治疗糖尿病和抗痉挛的功效。现代医学研究表明，它对人体各系统具有全方位医疗保健功能，可防治多种疾病。

225. 巴氏蘑菇生长所需要的条件是什么？

（1）营养。巴氏蘑菇隶属于蘑菇科，草腐菌，其菌丝能分解稻草、麦秸、棉籽壳等作物秸秆及畜禽粪、饼肥等，也能利用尿素、碳酸氨等无机肥。

（2）温度。巴氏蘑菇属中温型恒温结实性食用菌。菌丝体在10~34℃内正常生长，最适22~27℃，低于18℃，生长速度明显放慢，低于10℃菌丝基本停止生长；高于30℃菌丝易老化，超过39℃逐步死亡。子实体生长范围为16~33℃，最适19~23℃；高于25℃生长快，菌盖薄，开伞早，质量差；超过34℃，原基难以形成。

（3）水分与湿度。培养料最适含水量为58%~62%（料水比1∶1.2），低于50%，菌丝生长缓慢，绒毛菌丝多而纤细，不易形成子实体；高于70%易出现线状菌丝，生活力差。子实体在空气相对湿度为85%~90%情况下大量发生；低于60%，子实体难以分化；超过95%，易发生病害。覆土层含水量60%~65%。

（4）空气。菌丝生长对二氧化碳忍耐能力较差。子实体分化阶段，一定量的二氧化碳能刺激原基的生成，但在子实体生长过程需要大量氧气，通风好，菇色亮，菇体硬，生长健壮。若通风不良，易造成菌柄徒长，形成畸形菇。

（5）光线。菌丝在黑暗条件下生长良好，要求暗光培养，强光易损伤菌丝，严重时导致菌丝自溶。在子实体分化和生长阶段需一定散射光，以"七阴三阳"为好，光线过强，菇体瘦小，菌盖产生上卷鳞片，色泽变黄，品质下降。

（6）酸碱度。其菌丝生长要求pH值为5.0~8.0，最适为6.0~7.5。发酵料栽培，拌料时可将pH值调高至9~10，发酵后降至8.0~8.5，菌丝生长过程结束后，又降至6~7。覆土中的适宜pH值为7，覆土时一般用黄泥土块。

226. 巴氏蘑菇的栽培季节与配方是什么？

根据巴氏蘑菇对温度的要求进行科学的季节安排。一般在春、秋两季均可栽培，春季栽培在清明前后，平均气温在10℃左右，即3—5月播种，5—6月出菇；秋季栽培在立秋后，平均气温稳定在28℃左右，一般8月下旬至9月上旬播种，9—10月出菇。从播种到出菇一般45天左右，播种前20~30天开始建堆发酵。江浙一带春栽，3月下旬至4月上旬播种，5月中旬出第一潮菇，2月上旬开始扩制栽培种；秋栽，7月中下旬播种，8月下旬至9月上旬采菇。春栽与夏秋栽培相比较，规模化生产应选用夏秋栽培为主，因为春季阴雨天多，前期气温偏低，堆温上升慢，播后发菌较慢，子实体生长发育适温期短，返潮慢，后期高温菇蕾易死亡，同时越夏也易遭病虫危害。因此，春播宜采用高棚层架床栽或熟料袋栽。因各地气候条件不同，即使同一地区因海拔不同，也应作适当调整。

栽培巴氏蘑菇的常用配方有以下几种。

(1) 100m² 用料（单位：kg）。麦秸1 500，牛粪1 500，尿素10，饼肥25，石膏60，过磷酸钙55，碳酸钙75，石灰25。

(2) 稻草90%，麦麸（米糠）2%，干鸡粪3%，石膏粉2%，过磷酸钙2%，尿素1%。

(3) 棉籽壳55%，麦麸20%，牛粪20%，石灰2%，砻糠、石膏、磷肥、尿素各1%，料水比1:1.2。

(4) 玉米秸36%，棉籽壳36%，麦秸11.5%，干鸡粪15%，碳酸钙1%，尿素0.5%。

(5) 无粪（合成）配方（单位：kg）。麦秸500，玉米秸500，玉米芯200，豆秆300，菜籽饼50，过磷酸钙30，尿素15，碳酸氢铵20，生石膏40，生石灰40，硫酸镁3。合成培养料因缺少粪肥，培养料质量差，产量低。

(6) 熟料袋栽配方。棉籽壳（发酵）60%，玉米粉5%，麦麸10%，砻糠10%，牛粪10%，石膏、磷肥、尿素各1%。含水量65%。

 227. 巴氏蘑菇常规发酵料的栽培要点是什么？

(1) 麦秸（稻草）预湿及原料准备。在建堆前2~4天，称取干麦秸，分批用水浸泡，一边浇水，一边用脚踩，使麦秸均匀吸足水分。预湿后的麦秸堆，四周要有水流淌出，每天早晚还要向料堆表面喷水，保持表面不干。同时，备好其他原料。并把牛马粪及饼肥分别粉碎过筛后，混合均匀，然后用

1%的石灰水预湿至"手捏成团、落地能散"的程度。

（2）发酵工艺。备料（5—6月）→草料预湿、粪肥预堆→（3天后）建堆→（7天后）一次翻堆→（6天后）二次翻堆→（5天后）3次翻堆→（1天后）菇棚消毒→（2天后）入棚、后发酵→（4天后）播种。

（3）优质培养料标准。料色为褐棕色，腐熟均匀，富有弹性，松软不黏，一握成团、一抖即散、一拉即断，含水量65%左右（用手一拧指缝间有水2~3滴），料过干要用石灰水调节，pH值7.5，无臭味、氨味、异味，具有浓郁的料香味，料内有白色微生物菌落。

（4）播种。料温降至30℃以下方可播种，用种量为每平方米2瓶，播种总量的2/3~3/4的量与培养料混匀、压实，剩余菌种撒在料表。再用木板轻轻压平，使料的厚度为18~22cm。最后盖上消毒处理过的报纸或覆膜。栽培提倡"窄畦铺厚料"，以发挥边缘优势，增加出菇面积。

（5）发菌。播种后2~3天，关闭门窗，保持高湿，促进菌种萌发。3天后，当菌种萌发并向四周扩散时，适当增加通风量，6~8天后，菌丝基本封面，逐渐加大通风量，促使菌丝纵向生长。一般播种后18~20天可发满菌。

（6）覆土及覆土后管理。发满菌后，揭掉覆盖物，处理畦面，再进行一次彻底消毒灭虫。覆土材料要求无虫卵、少杂菌、毛细孔多、持水性好，喷水后不板结。生产上可用具沙质的黄泥土、红壤土或稻田深层土，打碎、过筛成蚕豆大土粒，添加一些谷糠、煤渣等。覆土厚度为3~3.5cm，要求厚薄一致，料面平坦，畦面保持湿润，土粒无白心。也有的在播种后即覆土，但这样不便对发菌情况进行控制。

覆完土到出菇，一般需14~18天，其间管理最主要的工作就是"调水"，首先要把覆土层的含水量在3~5天内调节至20%左右，以利菌丝体在土层定植；其次要始终保持土层的湿润状态，每天喷施"保持水"，但要少喷、勤喷，以土粒"捏得扁，无白心"为度。为减少土层中的水分散失，可在覆土上加盖薄膜保湿。这期间菌丝的呼吸作用旺盛，要加大通风量。

（7）出菇管理。出菇期管理最重要的是"调水"管理，要在实践中总结掌握"少喷勤喷与间歇重喷相结合"的灵活（根据天气、菇大小、多少、通风温度等状况）的喷水原则。少喷勤喷是保持覆土层湿润状态的方法，在原基期和幼菇期使用此法。间歇重喷主要指结菇水和出菇水，即喷水出菇，停水养菌，但此法适合菌丝生长旺盛的菌床。覆土后约15天，菌丝爬满土层，甚至出现少量白色粒状物时，要喷几次重水，即"结菇水"或"定位水"，迫使成熟的菌丝体扭结成子实体，进入生殖生长阶段。喷重水用水量一般为0.9~1.5kg/m²，每天分几次喷。出菇水在结菇水结束停水3~5天，当菇体直径达

3cm 时，再喷 1 次重水，分早晚两次进行，水量达 1.5~2.0kg/m²，之后再停水 2~3 天，两次重水以水不流入培养料中为度，平时再喷"保持水"即可。同时加强通风，随时协调好喷水、控温、通风、保湿、控制光线等之间的关系，以达到高产、优质。

（8）采收。当子实体长至 4~8cm，菌盖肥厚紧实，表面黄褐色至浅棕色，菌柄与菌盖间的菌膜裂开前及时采摘。掌握"潮头菇稳采、密菇勤采，中间菇少留，潮尾菇速采"的原则。采菇后清除菇脚、死菇和老根，并及时补土，保持床面平整卫生。每潮菇收完，要停水 3~4 天养菌。巴氏蘑菇一般制成干品销售，采后应去泥土、杂质，置烘干机内烘干、包装。

228. 巴氏蘑菇熟料袋栽技术的要点是什么？

巴氏蘑菇主要是进行发酵料栽培，但在夏季适宜熟料栽培，即 7 月初制袋接种、发菌、覆土，8 月下旬喷水管理，9—10 月出菇。熟料栽培菌丝生长浓密、长势好，能有效控制杂菌和害虫的发生，产量高、效益好。栽培技术要点如下。

（1）培养料的配方与制作。可以用发酵料直接装袋，但在装袋前，一定要消除料中的游离氨，否则影响菌种萌发。配方同上。常规拌料，含水量 65% 左右。

（2）装袋灭菌。菌袋规格（18~20）cm×（30~38）cm。利用直立放置菌筒出菇的，菌袋长度以 30cm 为宜；横卧埋土出菇的，菌袋长度以 42cm 长为宜。常规装袋，料袋装好后，及时灭菌。高压灭菌 0.15MPa，保持 3 小时；常压灭菌，当温度上升到 100℃ 时，保持 10~12 小时。

（3）接种发菌。灭菌后当料温下降到 30℃ 时，进行无菌操作接种。接种后上架培养，料温 25℃ 左右时，30~40 天菌丝满袋。菌丝培养期间，根据具体情况做好保温、控温、翻袋和剔除杂菌等工作。

（4）脱袋覆土。可在室内、菇棚或田间进行脱袋覆土栽培；也可立埋、卧埋和菌袋分块出菇。

①立埋出菇菌：袋高度以 20cm 为宜。菌袋过长的，可从中间断成两截后，再直立放置出菇。先做一个 1.5m 宽的菌床，在菌床内直立放置脱去料袋的菌筒，菌筒之间相距 3~4cm，菌袋上端平行，出菇才整齐。菌床之间相距 50cm。

②卧埋出菇：将脱去外袋的菌棒横卧在菌床内，菌筒靠拢排放。横卧放置因出菇面宽，出菇周期短，但占地面积较大。

③菌袋分块：出菇将脱去外袋的菌棒，分成小块，放置于菌床之中，堆置

厚度 15cm 左右。堆放前，可先在菌床底部铺一层发酵料或菌渣，然后再放置分成团块的菌料。这样可以充分利用发酵料，增加产量。

④覆土管理：覆土以沙壤土为好，含水量以 22% 左右为宜，即能用手将土捏扁，但又不粘手为宜。覆土要平整，厚度为 3~5cm。

⑤出菇管理：当子实体形成后，需要做好控温、调水、保湿、换气、控光。当子实体长到一定程度，即可采收。

229. 巴氏蘑菇在出菇阶段出现死菇的原因是什么？

巴氏蘑菇栽培中常会出现死菇现象，其原因主要如下。

（1）高温高湿。春栽 6—8 月出菇，秋栽 9—10 月出菇，若遇到连续高温（室温 25℃ 以上），加上湿度大，通风不良，很易发生死菇，尤其是床面上绿豆大小的幼菇及原基，最易发黄枯萎而死亡。

（2）强风直吹。幼菇生长期间，强风（冷热风）突然吹到床面上会使幼菇成片死亡。

（3）失水干燥。培养料水分不足，过于干燥，造成缺水、缺营养，使幼菇得不到充足营养而死亡或提前成熟开伞。

（4）缺乏营养。由于覆土太浅或调水不当，部分小菇得不到应有的营养，形成生理死亡。

（5）害虫危害。覆土层或培养料中有线虫、螨虫或菌蛆的危害，将菌丝咬断，造成幼菇成批死亡。

（6）防治措施。注意天气预报，如有高温出现，应立即停止喷水，加强通风，防止高温缺氧死菇。科学通风，菇房中通风不良，易发生病虫害。通风过猛过强，造成菇体水分蒸腾过快，失水太多，幼菇要稳通风、通小风，不能有直面风。掌握好覆土及喷水技术，防止产生密菇，减少幼菇的生理死亡。

230. 巴氏蘑菇出菇阶段出现脱柄菇的原因是什么？

脱柄菇十分普遍，降低了品质与等级。造成脱柄菇的原因除本身种性特征之外，还与喷水过多、过猛，采收未掌握时期，采摘太迟等因素有关。采摘时亦要细心、耐心、小心、轻采快割，小心放入筐内，避免重叠重压。整菇采后应立即脱水烘干，在运输过程不可重震重压。

231. 巴氏蘑菇出菇阶段出现畸形菇的原因是什么？

原因大多是通风不良、药害及病虫害造成的。二氧化碳浓度过大，导致菇柄细长、菌盖歪斜或不展。也有由于覆土过厚、出菇密度过大造成畸形菇。

 232. 如何解决巴氏蘑菇栽培的保湿和通风问题？

巴氏蘑菇是喜高湿的中偏高温型菌，因此对栽培环境湿度要求较高，一般菇房内空气相对湿度要求在95%以上；同时巴氏蘑菇又是好氧菌，出菇期对二氧化碳非常敏感，故需要保持菇房良好的通风透气，即勤通风、增加通风量和延长通风时间，然而通风良好对保湿不利，这就要求对菇床、地面勤喷水（喷水次数要视气温而定），菇房四周底角的农膜每天要掀起通风1~2小时，只有这样才能协调和解决好通风与空气湿度之间的矛盾。

 233. 如何解决巴氏蘑菇的出菇时间与保温问题？

常规栽培根据天气情况一年可分为上、下半年两季，从播种、发菌、覆土至出菇需要50天，加上出菇期3个月时间，经推算上半年的栽培时间应从2月10日开始，而2月的天气不可能达到20℃以上，3月中下旬气温可达20℃以上，出菇时间只有2个月，如何解决这一矛盾呢？

（1）在搭盖菇房时应考虑其保温功能，盖两层塑料薄膜中间用稻草隔层进行保温，在二次发酵时应增加蒸汽的供应量。

（2）在发菌时适当加温，菌丝未吃透料时提早覆土。

（3）培养料的总量应少于标准化菇房所需的量（稻草1 300kg、牛粪650kg），料层铺薄些，以缩短发菌时间，提早出菇，并缩短出菇时间，提高生物效率。

北方地区一般在上半年栽培：2月下旬堆料；3月上旬进料并二次发酵；3月中旬播种；4月上旬覆土；争取4月下旬出菇。下半年栽培：7月下旬堆料；8月中下旬进料并二次发酵；8月下旬播种；9月中下旬覆土；10月上旬争取出菇。在正常情况下每季可出4潮菇，一年两季栽培可提高菇房的利用率，但大多都集中进行秋季一季生产。

第十六节　灰树花

 234. 什么是灰树花？

灰树花别名栗蘑、贝叶多孔菌、千佛菌、莲花菌、天花、云蕈等。其子实体柄短，菌盖扇贝形或匙形，菌体外观呈覆瓦状或珊瑚状分枝，层叠成丛似菊花，形态婀娜多姿，气味香溢沁脾，肉质脆嫩爽口，具有独特的风味和口感。灰树花营养成分丰富，且具有极高的药用保健价值，现代医学研究表明，灰树花含有众多的活性物质，灰树花多糖是其中最主要的一类活性成分，具有增强机体免疫力、抑制肿瘤、抗病毒、稳定血压、降低血糖、改善脂肪代谢等广泛的生理活性，作为一种高级保健食品，风行欧美和日本、新加坡等市场，是一种开发潜力甚大的食药兼用型珍贵蕈菌。

235. 灰树花的药用价值如何？

灰树花子实体形成层叠似菊，形成时期清香沁脾，具有一煮就熟、久煮不糊的良好烹调性。可炒、炖、煮、炸、凉拌、做馅、味道鲜美，干品形同佳丽舞裙，故名"舞茸"，干品泡发后，仍具原有独特风味，是脍炙人口、不可多得的营养保健食品。灰树花子实体菌丝体中提取的多糖经口服或注射均具抗癌活性，可大大增强机体免疫力。在食疗方面，经常食用灰树花子实体，能够益气健脾、补虚扶正，可显著抑制高血压和肥胖病，促进脂肪代谢，预防动脉硬化、肝硬化、糖尿病，防治妇女不孕等妇科疾病，是一种典型的食药两用菌。

236. 灰树花的生物学特性有哪些？

（1）营养。灰树花是一种木腐菌，它生长发育所需的碳源、氮源和矿物质等，与其他木腐菌相似。因此，许多农林副产品如木屑、各种农作物秸秆等都是栽培灰树花的主要原料。但生产中，栽培主原料用栗树木屑效果会更好。

（2）温度。灰树花是一种中温型品种。菌丝生长范围8~32℃，最适22~26℃，菌丝较耐高温。原基形成温度最适17~20℃；子实体生长发育温度为14~28℃，最适16~23℃，低于15℃或高于25℃产量明显降低。

（3）湿度。水分木屑栽培培养基含水量应控制为55%~58%，稍低于其他食用菌；子实体生长阶段空气相对湿度需85%以上，低于80%，子实体因蒸腾面积大会损失水分，甚至容易干死，尤其是幼小子实体，特别敏感；高于95%，原基容易烂掉。

（4）空气。灰树花属好氧型真菌，子实体生长期对氧气的需求量比其他食用菌多，是目前所有菇类需氧量最多的种类，故人工设置的栽培环境，必须十分重视通风。每天需对流通风更换空气5~6次。室内难以满足出菇条件，因而出菇多在通风较好的室外进行。通风不良，灰树花子实体菌盖呈珊瑚状，开片困难，如严重缺氧，子实体停止生长甚至霉烂。因此，调节通风和保温的矛盾，是灰树花栽培管理的关键。

（5）光照。菌丝生长阶段对光线要求不敏感；子实体生长需较强散射光和稀疏直射光，促使原基变灰黑色，子实体的菌盖分化和颜色也才会正常，成活率高。光线不足，子实体分化困难，且多畸形，色泽浅。

（6）酸碱度。灰树花菌丝适宜在偏酸性培养基中生长，培养基最适 pH 值调节为 5.5~6.5。

237. 灰树花的栽培季节安排与场所选择有哪些？

灰树花菌丝生长较慢，栽培袋发满菌需 2 个月左右，故出菇期应安排妥当，使其发生和生长处于 18~23℃的适温期内。生产中北方地区春栽应在 1—3 月制袋，4—6 月出菇；秋栽安排在 8—9 月制袋，11—12 月出菇。灰树花菌丝有较强的抗衰能力，放在低温季节提前排袋（11 月至翌年 3 月），可使菌丝连接紧密，充分吸收养分，出菇势强，提前出菇，提高产量。

栽培场所应选择光线充足、通风良好、空气对流，并且容易控制温度和湿度的菇房、菇棚或荫棚，白天光线强度要在 300Lx 以上。栽培灰树花也可用闲置的香菇棚，经遮阳覆盖、全面清理干净后使用。

238. 灰树花的固体菌种基质配方有哪些？

（1）母种培养基配方。

①PDA 复合培养基：马铃薯 200g，麦麸 50g，葡萄糖 20g，KH_2PO_4 2.5g，$MgSO_4$ 0.5g，维生素 B 110mg，琼脂 20g，水 100mL。

②谷粒培养基。带壳谷粒用石灰水清液浸泡 12~24 小时（视气温而定）后，于沸水中煮至个别谷粒裂口，立即用凉水冲去原浆，蒸发表面多余水分后装管。

（2）原种、生产种配方。

①栗木屑（或棉籽壳）90%，麦麸 8%，蔗糖和石膏粉各 1%。

②阔叶树木屑 40%，棉籽壳 40%，麦麸 10%，玉米粉 8%，蔗糖和石膏粉各 1%。

239. 灰树花的液体菌种如何制备？

（1）培养基配方。

母种培养基（PDA 加富培养基）：去皮土豆 200g，麸皮 10g，酵母粉 2g，磷酸二氢钾 1g，无水硫酸镁 1g，蛋白胨 3g，葡萄糖 20g，琼脂 20g，水 1 000mL。

摇瓶和发酵罐液体培养基：蔗糖 2%，黄豆粉 0.5%，蛋白胨 0.3%，磷酸二氢钾 0.1%，硫酸镁 0.05%，pH 值自然。

（2）液体菌种制备。

母种制作：将灰树花菌丝块接入 PDA 加富培养基，25℃黑暗培养至菌丝长满斜面。

一级液体菌种制作：容积 1 000mL 的三角瓶装培养基 300mL，高压蒸汽灭菌 121℃保持 30 分钟。冷却后接种。选新培养好的试管斜面菌种 1 支，取 5~6 块接种块放入三角瓶中。注明菌种名称、接种日期，放到摇床上 25℃ 160 转/分钟培养 10~12 天。

二级液体菌种制作：容积 1 000L 的发酵罐装液量 800L，接种 600mL 一级液体菌种，发酵温度 23~25℃，发酵罐通气量 50L/分钟，发酵培养 7~8 天，根据菌丝球密度、大小和活力判断发酵终点。

240. 灰树花的栽培原料与配方有哪些？

灰树花是一种木腐性真菌，目前大都采用代料袋栽。人工栽培灰树花的培养基主料，以壳斗科树种的木屑为主，如山毛榉、米槠、栲树、青冈栎、栗树、橡树等。此外，一些不带芳香油的阔叶树的木屑及棉籽壳也可利用。由于灰树花是好氧性菌类，用于栽培的木屑不宜太细，应粗细搭配。配方如下。

（1）栗木屑 45%，棉籽壳 30%，麦麸 12%，玉米 3%，板栗林地或山地表土 8%，石膏粉、蔗糖各 1%。

（2）阔叶树木屑 52%，棉籽壳 30%，麦麸 18%。

（3）阔叶树木屑 40%，棉籽壳 35%，麦麸 15%，玉米粉 7%，红糖 1%，石膏粉 1%。

（4）稻草（或麦秸）65%，麦麸 15%，玉米粉 8%，板栗林地表土 10%，蔗糖和石膏粉各 1%。稻草及麦秸切成 3~4mm 小段，放入 2% 石灰水浸泡 4~8 小时。

241. 灰树花菌包的装袋与灭菌如何操作？

灰树花抗杂菌能力较弱，目前均采用熟料栽培。按上述配方均匀配料后，闷堆 3 小时以上使基料充分吸水，装袋前要求培养基以手紧握有 1~2 滴水为宜。栽培袋规格多采用（17~18）cm×（30~33）cm 的聚丙烯料袋或低压聚乙烯袋，每袋装干料 350~400g。装袋要松紧适中，切忌过紧导致透气不良，最好在料中央打洞（利于通气），套上塑料套环，塞上棉塞。装袋完毕应及时入锅灭菌。

 242. 灰树花菌包的接种与培养如何操作？

使用菌种要严格把关。接种按无菌操作程序。扎口时不要太紧，可适当加大接种量。避光发菌，温度保持 22~26℃，室内空气湿度 60%~70%，日通风1~2 次。培养 15 天后，加强散射光，加大通风量，温度 20~25℃，30 天后，菌丝满袋，表面形成菌皮，并逐渐隆起，此时加强光照，这时应把菌袋移至光线较强的地方或把遮光物撤掉，并把菌袋排稀疏一些。经过适宜温度和光线刺激后的 15~20 天，培养基表面隆起，顶部逐渐长大，并开始变成灰黑色，表面有皱褶状凹凸，还分泌出淡黄色水珠，这就是灰树花原基，此后便进入出菇管理。

 243. 灰树花菌包如何进行发菌培养管理？

接种后，将菌袋整筐移入培养室内进行发菌培养。培养室温度控制为23~26℃，空气相对湿度控制为 60%~70%，二氧化碳浓度控制为2 500mg/L 以下，避光发菌。每天检查菌袋 1 次，观察菌丝生长情况，发现杂菌污染袋及时将其清理出培养室。接种 25 天左右菌丝可长满菌袋，再后熟 10~15 天转入出菇室。

 244. 灰树花菌包怎样催蕾？

在菌袋上选择菌丝浓密部位，用消毒的解剖刀割 "V" 形口，边长1.5~2cm。割口处的塑料袋揭开再放下，增加通氧同时又覆盖保湿。出菇室温度控制为 19~22℃，空气相对湿度控制为 80%~90%，二氧化碳浓度控制为 2 000mg/L 以下，白天给予 300~500Lx 的光照。5 天左右割口处开始出现原基。

 245. 如何进行灰树花的出菇管理？

温度控制为 16~23℃，空气相对湿度控制为 90%~95%，二氧化碳浓度控制为 1 000mg/L 以下，光照强度保持为 500~1 000Lx，宜在白天开灯。连续管理 15~20 天即可采收。灰树花属于对二氧化碳敏感的品种，为防止出现畸形菇，可以采用新风机给菇房供氧。

246. 灰树花如何采收？

当灰树花扇形菌盖充分展开，边缘由白变深，颜色呈灰黑色，整朵菇形像盛开的莲花，菌盖下面形成管孔，七成熟以内采摘。采收时，用小刀将整丛菇体贴近根部整齐割下。

247. 灰树花优质高产绿色栽培注意事项有哪些？

（1）选用出菇快、抗逆性强、耐二氧化碳、多糖含量高、优质、高产的灰树花品种，子实体颜色深、菌管短的品种市场需求量大，从具相应资质的供种单位引种，并可追溯菌种的来源。

（2）坚持"预防为主，综合防治"的原则，采取"农业、物理、生物、生态"综合防控措施防控病虫害，严格控制化学药物的使用。栽培出菇期间不得向菌丝体和子实体喷洒任何化学药剂。

（3）栽培基质中不允许添加含有植物激素、生长调节剂或成分不明的混合型添加剂，不得随意或超量加入化学添加剂。生产用水可用自来水、泉水、井水、湖水等可饮用水。培养料配制用水和出菇管理用水中禁止加入任何药剂、肥料或成分不明的物质。

第十七节　蛹虫草

248. 什么是蛹虫草？

蛹虫草俗名有北冬虫夏草、北虫草、蚕蛹草等之称。天然蛹虫草是一种具有很高药用、滋补和经济价值的药用真菌，据《新华本草纲要》一书记载，蛹虫草"味甘、性平"，有"益肺肾、补精髓，止血化痰"等功效。近年来的药理研究表明，蛹虫草可作为冬虫夏草的替代品使用，其含有的虫草素、虫草酸、虫草多糖、超氧化物歧化酶（SOD）以及亚油酸和软脂酸等，具有抗疲劳、耐缺氧、抗衰老，特别是具有明显增强非特异性免疫系统功能的作用，增强巨噬细胞的吞噬功能，促进抗体形成。对 S-180 艾氏腹水癌有明显的抑制效果，同时，对化疗药物环磷酰胺具有增效和降低副作用的功效。

1986 年，我国在世界上首次突破蛹虫草人工栽培技术，1994 年已能大批量规模生产。随着蛹虫草研究开发的不断进行，国内医药界、保健食品生产厂家、科研部门利用蛹虫草的人工培养物、虫体、子座、菌丝体等制作的多种保健品和药品投放市场后深受消费者喜爱，十分畅销，应用前景十分广阔。

 249. 蛹虫草的生长习性是什么？

野生蛹虫草多生长在海拔 100~2 000m 的地区，在世界各地分布比较广泛。我国吉林、辽宁、广西、广东、云南、四川、贵州、湖北和山东等地均有分布。蛹虫草是蛹草菌寄生在昆虫纲鳞翅目夜蛾科昆虫幼体所长出的子实体（子座）与僵死蛹体的复合体。天然蛹虫草多生长于松、杉等乔木混交林下，林下有灌木植物，地表有以禾本科为主的杂草，林中气候温和湿润，光照较强，并且土质疏松湿润，腐殖质丰富，土壤呈弱酸性（pH 值 6.8~7.0）。蛹草菌侵入幼虫，幼虫入土后，变成蛹越过冬季，待翌年平均气温在 10~27℃时，虫草即可长出地面。

 250. 蛹虫草的形态特征有哪些？

蛹虫草由菌丝体、地上子实体（子座）、地下僵蛹三部分组成。

蛹虫菌菌丝透明，无色，有分隔，分枝状，前端着生卵形的无色分生孢子。

蛹虫草一般生长在蛹体的头部或腹节部，少数生长在虫体的后部。子座单生或多生，呈橙黄色，长可达 2~10cm。子座分为头部和柄两部分，头部有线状、锤状、椭球状和长棒状等几种形状，头部表面有乳头状突起，是产生孢子的繁殖器官。子座头部的下面是柄，一般为淡黄色，细长，略弯曲的柱状，中空，多数为圆柱状，少数呈扁平状。

蛹虫草的地下部分为由寄主幼虫经蛹虫菌侵染后发育而成的僵蛹，呈圆锥状，绛紫色。蛹虫草即是由子实体（地上部分）与僵蛹（地下部分）共同组成的复合体。

 251. 蛹虫草的生活史有什么特点？

蛹虫草的生活史和大部分真菌一样，也是从孢子开始，经过菌丝生长发育，在一定适宜条件下形成子实体，再产生孢子的整个发育过程。

自然界中，蛹虫草的孢子借助风力传播到寄主幼虫，孢子在寄主上萌发产生菌丝，菌丝靠吸收寄主的营养和水分，不断的生长发育形成棉絮状菌丝体。在菌丝体吸收幼虫营养同时，幼虫也发育成了蛹，以上阶段为菌丝的营养生长阶段。在适宜的温度、湿度和光照等条件下，菌丝体发生纽结并形成原基，即进入生殖生长阶段。原基一般发生在蛹体的头部或腹节部，随着虫草柄部生长，逐渐形成头部，发育为成熟的子实体。子实体上生有无数个突起的子囊壳，其内产生线状子囊孢子，孢子成熟后又裸露于子囊壳表面的孔口散发出来，再借助风力传播到另外的幼虫寄主上，开始新的循环。

252. 蛹虫草的营养条件包括哪些？

蛹虫草是异养生物，不含有叶绿素，不能进行光合作用，只能依靠蛹虫草菌丝细胞分泌的各种酶分解有机物质，并吸收利用才能获得营养和能量，满足生长发育的要求。所以，蛹虫草的生长发育因培养料组分的不同而有所差异，能直接影响蛹虫草的产量和质量。蛹虫草生长发育所需的营养物质可分为碳源、氮源、无机盐和维生素。

253. 蛹虫草的环境条件包括哪些？

环境条件指温度、水分、湿度、空气、光照、酸碱度等外界环境因素。蛹虫草只有在最适宜的环境条件下，才能生长良好，达到优质高产的目的。

（1）温度。蛹虫草在各生长阶段对温度要求均不相同。

①菌丝生长对温度的要求：蛹虫草菌丝生长的温度范围比较广，在 5~30℃内均可生长，最适生长的温度为 18~23℃，低于 5℃或高于 30℃，菌丝生长停止。在低温状态下，只要菌丝不受冻，菌丝一般不会死亡；但温度过高，菌丝颜色开始变黄至变红，容易发生死亡。因此，培养菌丝期间应注意避免高温和阳光直射。

②原基分化对温度的要求：蛹虫草是变温结实型真菌，原基形成时温度不仅低于菌丝生长的温度，而且要低于子实体生长时的温度。原基形成温度以15~18℃为宜。在菌丝生长阶段向生殖阶段转化时，为刺激原基尽快形成，需要 8~10℃温差刺激。

③子实体生长对温度的要求：子实体生长时的温度要高于原基分化的温度。蛹虫草子实体生长温度范围为 10~26℃，最适温度 20~22℃。超过 28℃，子实体停止生长。在 10~26℃范围内，温度偏低，子实体生长缓慢；温度偏高，子实体生长快。

④孢子萌发对温度的要求：孢子在 24~28℃温度范围内，萌发率最高。在自然条件下，孢子耐低温，不耐高温，随着温度升高，孢子萌发率显著降低。

（2）水分。水分是构成蛹虫草菌丝细胞的重要物质，是菌丝细胞正常生长代谢的基础和溶剂，菌丝细胞含水量在 80%左右。蛹虫草生长发育水分的来源，主要来自培养料中的水，还有一小部分来自空气中的水蒸气。

①培养料含水量：适宜蛹虫草菌丝生长的培养料含水量应为58%～65%，低于55%，菌丝代谢处于缓慢状态，生长速度减慢，难以生长发育；高于65%，影响菌丝呼吸作用，抑制其生长，易导致培养基酸败，使产量显著降低甚至绝收。孢子萌发同样需要适宜的水分，如果空气干燥，孢子不能萌发。

②空气相对湿度：菌丝生长阶段，适宜于菌丝生长的空气相对湿度应为60%～70%。如果湿度低于50%，培养基水分由于蒸发过快变干，不利于菌丝生长；如果相对湿度高于80%，容易引起杂菌感染。在子实体发生和生长阶段，要求空气相对湿度提高到80%～90%，湿度过大，超过90%，子实体表面易积累水分，引发细菌性斑点病，导致子实体腐烂；相对湿度低于50%，蛹虫草停止生长，即使长出小子实体，也会脱水枯萎；相对湿度为50%～70%，子实体生长缓慢、细小、开裂、产量和质量都受到影响。

（3）空气。蛹虫草是介于好氧和厌氧之间的一种真菌，在其生长过程中，菌丝体生长阶段和子实体形成发育阶段，对氧气的需求和耐二氧化碳的能力各不相同。菌丝生长阶段只需要少量空气即可满足菌丝生长，不需要为其生长专门通风换气；子实体形成和生长阶段需要氧气，所以应增大通气量，如通风不良，子实体形成初期密度大、纤细，甚至不能正常分化。

（4）光照。蛹虫草不同生长阶段对光线的要求不同。菌丝生长阶段不需要光，在黑暗条件下就能生长良好。反而随着光线增强，菌丝生长越来越慢，且易产生气生菌丝，使菌丝提早形成菌被。但原基形成和子实体分化需一定强度和均匀的散射光。光照强度大，照射时间长，子实体色泽美观、产量高、品质好；光线过弱，照射时间短，原基分化困难，出草少，子实体呈淡黄色，产量和质量都降低。蛹虫草子实体生长阶段适宜的光照强度为100～200Lx。另外，蛹虫草子实体生长具有趋光性，所以，出草期间，尽量保持光线均匀，否则，会使子实体产生扭曲或倒向一边。

（5）酸碱度。蛹虫草喜偏酸性环境。菌丝生长适宜pH值为5.4～6.8。pH值大于7，菌丝生长变慢，pH值大于8，菌丝难以生长。在实际生产中，为防止因灭菌和培养基产酸导致pH值下降，培养基pH值一般调至7.5左右。

254. 蛹虫草的栽培季节如何选择？

根据蛹虫草中温养菌、低温出草这一特性，人工栽培蛹虫草可分为春、秋两季。由于我国幅员辽阔，各地气温差异很大，各地栽培季节不可能完全相同。在选择适宜的栽培季节时可根据两个参考条件，因地制宜决定：一是接种期在当地平均气温不超过22℃，二是从接种开始往后推1个月为出草期，当地平均气温不低于15℃。这两个条件把握好，选择好适宜的栽培季节，就能满足蛹虫草在适宜的生长环境条件下正常发菌和出草，获得高产。

根据以上两个参考条件，我国栽培蛹虫草具体时间，可按海拔高度确定。如海拔300m以下，接种期可定在9月进行，出草期在10月，这个期间正好夜晚和白天温差在10℃左右。如果接种过早，白天气温常常超过30℃，菌丝遇高温导致出现菌丝生长不良等现象，出草率下降。海拔300~500m，接菌期宜选择在8月底至9月初；海拔500~700m，8月中旬即可接种；海拔700m以上为高寒地区，接种期可提前至7月。

255. 蛹虫草的蚕蛹栽培法要点是什么？

（1）蚕蛹挑选采用桑蚕、柞蚕蛹均可。最好使用活鲜蛹，如没有鲜蛹，干蛹也可。无论鲜蛹还是干蛹，均要求大小一致，无任何机械损伤、无杂质、无异味、无霉变的优质蚕蛹。

（2）蚕蛹消毒处理采用湿热灭菌法。方法是将洗净后的蚕蛹装入罐头瓶中，大约装至大半瓶，用耐高温的聚丙烯塑料薄膜盖住瓶口，用绳或橡皮筋扎紧，放入高压灭菌锅中灭菌，0.15MPa保持1.5小时。

（3）接种固体栽培种和液体栽培种接种方法不同。使用固体栽培种，首先用镊子在无菌条件下把栽培种捣成小颗粒，然后用消毒过的金属饭匙挖取2匙，及时掀开蚕蛹罐头瓶的塑料薄膜，将栽培种快速移入罐头瓶中，封好瓶口后进行稍微摇动，目的是使菌种和蚕蛹均匀混合。使用液体菌种，在无菌条件下，用经过灭菌的注射器，吸满液体菌种后，注入蚕蛹体节间隔膜处，按照大小每个蚕蛹注入0.3~0.4mL。

（4）养菌管理。

①消毒处理：接种后的蚕蛹瓶，应放置在无菌室中培养，无菌室在使用前应先做消毒处理。先将培养室的地面、墙壁、天花板打扫干净，开窗通风数天，然后关闭门窗，使用前一天用5%的来苏水进行空间消毒。

②控温、控湿、避光：培养过程中，培养室内要遮蔽光线，保持培养室内黑暗，温度保持为20~23℃。温度低于18℃，则应进行加热，用煤火炉加热，必须安装排气扇以排出煤气等有害气体。温度超过25℃，则应设法降温。湿度保持为60%~65%。湿度过小，可以每天向培养室内空间喷洒雾水以加大湿度；湿度过大，则应开启门窗通风排湿以降低湿度。

③防病、防虫：培养室应定期用来苏水喷洒消毒，使害虫不能发生和蔓延。平时定期观测培养情况，一旦发现有害虫发生，应立即用除虫菊酯杀灭，如果发现栽培瓶中有杂菌污染，可将污染瓶集中于一个单独房间，以免污染至

其他瓶子。为了保证养菌成功，培养室要采取封闭式培养，杜绝外人参观，为防止带入培养室细菌、霉菌等杂菌、虫卵，即使是栽培者本人也不宜频繁进出。

一般培养 25 天左右，菌丝可长透蚕蛹。这时应立即进行出草管理。

（5）出草管理。在无菌条件下，将养好菌的蚕蛹瓶口打开，用无菌的镊子将长满菌丝的蚕蛹平摆一层于灭菌的罐头瓶中，然后在瓶口上盖上灭菌的塑料薄膜，为增加通气量，可在塑料薄膜上用毛衣针扎几个眼，再移入出草房中，白天控制温度为 25℃，夜间温度降低到 15℃，保持房间内空气湿度为 90%，自然散射光照射。2~3 天后，在蚕蛹表面可见长出小米粒大小的橘黄色菌丝团，3~5 天后，菌丝团发育成原基，再经过 2~3 天生长，原基前端呈白色，前端以下呈橘黄色或红色，以后随着柄的伸长，生长成为高 10cm 左右、粗 0.2~1cm 的子实体。整个生长周期约为 25 天。

256. 蛹虫草的代料栽培法要点是什么？

人工栽培蛹虫草可以用大米、玉米糁、小麦、小米、高粱米等作为主要培养料代替蚕蛹，其方法如下。

（1）培养料配方。

①大米 93.3%，葡萄糖 2%，蛋白胨 2%，干蚕蛹粉 2.5%，硫酸镁 0.2%，维生素 B_1 微量，料水比为 1∶1.3。

②大米 50%，麦麸 25%，玉米粉 10%，糖 2%，杂木屑 6.8%，蚕蛹粉 6%，尿素 0.1%，硫酸镁 0.1%，维生素 B_1 微量，料水比为 1∶1.4。

③高粱米 90%，蛋白胨 5%，酵母粉 2%，葡萄糖 2.8%，磷酸二氢钾 0.1g，硫酸镁 0.1%，维生素 B_1 微量，料水比为 1∶1.3。

④大米 100%，另加磷酸二氢钾 0.15%，维生素 B_1 微量，蛋清少许，料水比为 1∶1.3。

⑤小米 95%，蛋白胨 1.5%，葡萄糖 3.2%，硫酸镁 0.2%，磷酸二氢钾 0.1%，维生素 B_1 微量，料水比为 1∶1.3。

（2）拌料、装瓶。准确称量各种原料，装入 500~750mL 罐头瓶中，每瓶装干料 40~50g，加足水分，料面平整，用高压聚丙烯薄膜封口，瓶口朝上放入灭菌锅内。

（3）灭菌、接种。高压 0.15MPa 保持 1.5 小时，或常压 100℃ 保持 10 小时灭菌。要求米粒上下湿度一致，米粒间稍有空隙，半生饭或糊状饭均不可用。灭菌后将罐头瓶移入接种室或接种箱内，用甲醛溶液或气雾杀菌剂熏蒸消毒，待培养基罐头瓶冷却到 30℃ 时，双人操作接入固体种或液体种。为提高发菌速度，接固体种的可在接种后 2~3 天进行摇瓶处理，液体种则不需要。

（4）养菌期管理。菌丝发育的好坏，直接影响子实体的生长发育与产量的高低。因此，必须按照菌丝生长发育的要求，创造合适的环境条件，促进菌丝正常生长，取得优质高产的经济效益。

①温度调节：接种初期，为防止杂菌生长，培养室内温度控制为 15~18℃，待培养基料面长满菌丝以后可慢慢升高，后期应保持为 23~24℃，但不要超过 25℃，否则，难以形成子实体。升温时采用暖气最好，如果使用烟煤加热，必须安装排气扇，以排出加热时产生的有害气体。

②湿度控制：菌丝培养期间空气相对湿度控制为 65% 左右，如果湿度不够，可用加湿器增湿，或用喷雾法增加培养室湿度；如果湿度过大，则应通风干燥。

③遮光培养：培养室应保持黑暗，光线强则导致菌丝老化，过早进入生殖生长阶段，导致产量降低，质量下降。因此，门窗最好使用黑色布遮光。检查菌丝生长情况时可用手电筒或开日光灯。

④通风：菌丝培养期间对氧气的需求量不大，因此，培养期间不必专门通风。

养菌管理一般需要 20 天时间，菌丝可长满料面。

（5）转色期管理。当菌丝全部长满整个料面并出现数量不等、大小不一的几个甚至几十个圆丘状菌丝隆起时，即完成营养生长阶段，进入转色出草期，此时必须改变菌丝发菌期的管理方法，按照下列要求进行管理。

①见光转色：打开窗帘等遮光物，用太阳散射光，千万不要使用太阳直射光照射，否则会杀伤菌丝。如果太阳光线太弱应该增加人工光源照射，每天光照时间应在 12 小时以上，以后慢慢延长光照时间，夜间开灯补充，但不能连续照射，每晚都应有 6 小时左右黑暗期，以利菌丝休养。光线强度应为 200~250Lx。

②温度控制：开始见光时以 20~21℃ 为佳，以后慢慢升温，转色后升至22~23℃。

③增加湿度：空气相对湿度逐渐由 65% 升至 85%。

转色期需要 3~10 天时间，圆丘状菌丝开始形成小米粒状物，称为原基。

（6）原基期管理。原基大量出现后，应将见光时间延长到 15 小时，湿度逐渐加大到 85%~90%，温度仍保持为 22~23℃。原基经过 1~3 天培养，顶端开始出现尖锥状小子实体。

（7）子实体幼体阶段管理。

①扎孔增氧：子实体初期一般高 1~2cm，呈橘黄色，这时候应用毛衣针

在罐头瓶瓶口塑料薄膜上扎几个孔，增加通气量，以促进子实体长粗。扎孔后培养室应定期消毒，严格防治病害和虫害发生。

②延长光照：这个时期每天光照时间可增加到 18 个小时，但仍不能连续光照。子实体具有趋光能力，因此，为出草整齐一致，应定时调节光源照射方向，以便采光均匀，使子实体向上直立生长，保持正常状态。

③温度、湿度控制：温度仍控制为 22～23℃，切记不可超过 25℃；湿度控制为 85%～90%，以保证培养基中水分充足，使子实体细胞正常生长，取得高产。

子实体幼体经 1～3 天培养，一般高 2～4cm，呈长圆锥形。

（8）子实体成长阶段管理。子实体培养 7～10 天，不再长粗增长，头部开始膨大，此阶段每天光照应达到 20 小时以上，温度应为 23℃，湿度 85%～90%。此阶段最主要的管理是严格防治病虫害发生，培养室一旦有飞虫，应立即杀灭，并密切关注培养基情况，一旦发现培养基上产蛆，立即将其培养瓶移出栽培室，以防害虫蔓延。

子实体头部膨大 2～5 天后，蛹虫草头部顶端基出现龟背状花纹，出现粉状物，即为成熟。

257. 蛹虫草如何采收？

当子座长到 5～10cm，顶端膨大，出现许多小粒状子囊壳，不再生长时即可采收。蚕蛹培养的蛹虫草采收时，用小刀慢慢把培养基挖开，把蛹虫草一起挖出，切记不可把子实体与子座分开。从蚕蛹中长出的子实体，外观与野生蛹虫草基本一样，只是略微粗壮些。对于代料栽培的蛹虫草，直接用镊子或手从根部将子实体轻轻拔出即可。采收后，去掉老菌皮，整理好料面，每瓶加入清水或营养液 3mL 左右，覆盖好瓶口薄膜，控温 20℃左右，室内相对湿度保持65%～70%，用上述同样的方法继续管理，经过一段时间就可长出第二茬蛹虫草子实体。

258. 蛹虫草的加工技术包括哪些？

蛹虫草的加工方法主要是干制。此外，蛹虫草具有药用和保健滋补功效，随着蛹虫草人工栽培的发展和人民生活水平的提高、保健意识的增强，蛹虫草的保健食品越来越得到广大消费者的喜爱。目前市场上开发的蛹虫草保健食品主要有营养口服液、保健饮料、保健茶、保健滋补酒等，举例如下。

（1）蛹虫草口服液。以蛹虫草子实体粉碎物的浸取液为主要原料，添加适量蜂蜜或白糖调味而成的保健饮料，不仅口感好，而且具有蛹虫草的多种滋补保健功效。

（2）蛹虫草补酒。蛹虫草补酒制作方法比较简单，但食疗效果显著，有条件的家庭不妨一试。取洁净蛹虫草95g，浸泡于5kg优质白酒中，在室内阴凉处放置7~15天即可启封饮用。

（3）蛹虫草营养面条。麦粒去杂后，浸泡10~12小时，含水量要求38%~40%；将麦粒装入罐头瓶，用聚丙烯薄膜封口，121℃高压灭菌1.5小时；无菌条件下接入蛹虫草菌种，控温25℃培养，菌丝长满麦粒后，倒出烘干，注意不能烤焦；对烘干的麦粒进行粉碎，过160目筛；蛹虫草菌粉与面粉按1∶100的比例混合均匀，将混合粉加水搅拌，加工成面条即可。

第十八节　大球盖菇

259. 什么是大球盖菇？

大球盖菇又名皱环球盖菇、酒红球盖菇，商品名赤松茸，其子实体色泽艳丽、清香脆甜、肉质嫩滑，且营养丰富、美味保健。大球盖菇是联合国粮食及农业组织（FAO）向发展中国家推荐栽培的十大食用菌之一，是一种以作物秸秆为主要原料、极具开发前景的草腐性珍优食用菌。大球盖菇菌盖肉质，湿润时表面稍有黏性。幼嫩子实体初为白色，随着子实体逐渐长大，菌盖渐变成红褐色至葡萄酒红褐色或暗褐色，老熟后褪为褐色至灰褐色。菌肉肥厚，色白。菌褶直生，排列密集，初为污白色，后变成灰白色，随菌盖平展，逐渐变成褐色或紫黑色。菌柄近圆柱形，靠近基部稍膨大，菌环以上污白，近光滑，菌环以下带黄色细条纹。菌柄早期中实有髓，成熟后逐渐中空。菌环膜质，较厚或双层，位于柄的中上部，白色或近白色，上面有粗糙条纹，深裂成若干片段，裂片先端略向上卷，易脱落。

260. 大球盖菇的营养价值如何？

大球盖菇富含蛋白质、多糖、矿质元素、维生素等生物活性物质，含有17种氨基酸，人体必需氨基酸齐全。大球盖菇子实体干品粗蛋白含量25.75%，粗脂肪2.19%，粗纤维7.99%，碳水化合物总量68.23%，氨基酸总量为16.72%。矿质元素中含有多种矿质元素，如磷、钙、铁、镁等，磷和钾含量较高，分别为3.48%和0.82%。生物活性物质中的总黄酮、总皂苷及酚类的含量均大于 0.1%，牛磺酸和维生素 C 含量分别为 81.5mg/100g 和 53.1mg/100g。经常食用大球盖菇可以有效防治神经系统、消化系统疾病，降低血液中的胆固醇、预防冠心病、帮助消化、疏解人体精神疲劳、提高人体免疫力等。

261. 大球盖菇的栽培原料是什么？

野生的大球盖菇从春至秋生于林中、林缘的草地上或路旁、园地、垃圾场、木屑堆或牧场的牛马粪堆上。因此，大球盖菇栽培原料来源十分丰富，主要原料有稻壳、稻草、麦秆、玉米秆、玉米芯、棉花柴、各种食用菌下脚料等。大球盖菇属于草腐菌，对植物纤维素、半纤维素、木质素的分解利用能力较强，栽培原料来源十分丰富，宜在农作物秸秆、树木枝条丰富的地区推广。在生产中主要以小麦秸秆、玉米秸秆、稻草、稻壳、玉米芯、棉秆、麦糠、阔叶树木屑、其他食用菌菌渣等作为主要碳源，以少量牛粪、羊粪、兔粪、麦麸、米糠等作为补充氮源，不需要过多的高营养辅料。栽培料要求新鲜、干燥、无霉、无虫、无腐烂、不结块。大球盖菇栽培的菌渣废料作为优质有机肥，可有效改良土壤，是利用农作物秸秆发展生态农业和循环农业的优良途径。

262. 大球盖菇栽培的环境条件是什么？

（1）温度。大球盖菇属于珍稀食用菌品种中的中温菌，其子实体生长温度范围为 10~30℃，最适温度为 15~23℃。菌丝生长温度范围为 5~32℃，最适温度为 18~27℃，低于 10℃时，菌丝生长极为缓慢，高于 33℃时，菌丝易死亡。

（2）湿度。大球盖菇是一种耐湿性很强的食用菌。其基质的适宜含水量为 70%；子实体生长发育时期，空气相对湿度应保持为 85%~95%；空气相对湿度低于 80% 时，菇体表面干燥、裂纹，菇柄易开裂，菌盖早开伞，子实体商品品质下降。

（3）光照。大球盖菇的菌丝生长可以完全不需要光照，但在子实体生长发育阶段需要一定的散射光，适宜光照强度 100~500Lx，在林下及荫棚的散射光下子实体能正常分化与发育。

（4）空气。大球盖菇属于好气性真菌，菌丝生长阶段对通气要求不太严格，可适度打孔透气及散热，但在子实体生长发育阶段，由于新陈代谢旺盛，要注意拱棚设施的通风换气，要求二氧化碳浓度 <1 500mg/L，防止因缺氧而

生长受到抑制。

（5）酸碱度。大球盖菇菌丝在培养料 pH 值 5~9 均可生长，最适 pH 值 6~7.5，在偏酸至微碱性条件下菌丝生长速度快，且生长健壮，调节培养料及覆土为中性至微碱性，不适宜碱性太高的环境。

263. 大球盖菇菌种培养基是什么？

适合大球盖菇菌种生产的培养基如下。

（1）母种培养基。

①麦芽糖酵母琼脂培养基（MYA）：大豆蛋白胨 1g，酵母粉 2g，麦芽糖 20g，琼脂 20g，加水至 1 000mL。

②马铃薯葡萄糖酵母琼脂培养基（PDYA）：马铃薯 300g（加水 1 500mL，煮 20 分钟，用滤汁），酵母 2g，大豆蛋白胨 1g，葡萄糖 15g，琼脂 20g，加水至 1 000mL。

上述配方中如不加琼脂，即可作为液体培养基。以上培养基需按常规配制、分装、灭菌、接种和培养。

（2）原种和栽培种培养基。

①小麦秆切碎（长 2~3cm），泡湿，装瓶，高压灭菌后备用。

②小麦、高粱、玉米、小米等谷粒浸泡，煮透至没有白芯但表皮不破，加 2%碳酸钙，装瓶，高压灭菌后备用。

③粗、细木屑各 40%，麦麸 20%，制作栽培种培养基。

264. 大球盖菇栽培料配方是什么？

推荐的大球盖菇高产栽培配方如下。

配方一：玉米芯 40%，阔叶树木屑 25%，稻壳 30%，麦麸 3%，生石灰 2%。

配方二：作物秸秆 45%，阔叶树木屑 20%，稻壳或麦糠 20%，牛粪（折干）12%，生石灰 3%。

按上述配方每平方米投入干栽培料 15~20kg。

265. 大球盖菇栽培料如何进行发酵处理？

发酵操作流程：原料浸水预湿—拌料—建堆—翻堆—发酵完成。

（1）预湿。按配方比例将各种原料置于阳光下暴晒 2~3 天，然后加入 1% 石灰水浸泡预湿 2 天，使其吸足水分，最后将预湿料充分拌匀。

（2）建堆。将预湿料翻匀后，建成底宽 2.5m、顶宽 1.5m、高 0.8m 的长梯形料堆，将表面拍平，用直径 5~7cm 的尖头木棒，每隔 25cm 从上而下至料底打透气孔。升温发酵期间注意适度覆盖保湿，同时防止雨水淋进料里。

（3）翻堆。当最高料温达到 65℃左右时，保持 24 小时后进行第一次翻堆。翻堆前在覆盖物、料堆及周围地面均匀撒施预留的石灰粉，以防虫消毒。翻堆时将高温层料和低温层料的位置上下、内外互换，重新建堆后再次升温至 65℃左右时保持 24 小时，按前述方法操作第二次翻堆。经过 3 次升温发酵，当堆料呈褐色且有大量白色放线菌体、散发菌香气味时发酵结束，及时散堆降温，当料温降至 30℃以下及时铺料播种。发酵总时间 6~7 天。发酵料 pH 值 6.5~7.5、含水量 70%左右即可。

266. 大球盖菇如何进行铺料播种？

提前 2~3 天向棚内或林下畦床浇灌 2%的石灰水，待完全渗下后，选择晴天播种。在畦床底部撒一层石灰粉，然后采用铺三层料播三层菌种的方式进行播种。三层料厚度分别为：底层料 7~8cm，中层料 10~12cm，上层料 8~10cm，料床中间高、两边低，呈龟背形。播种时将菌种袋在 3%的石灰水中浸蘸一下，然后去掉袋膜，将菌种掰成核桃大小种块，层间采用均匀撒播，余下 1/3 的菌种在料表面打浅穴均匀点播，深度 4~5cm，间距 10~12cm。总播种量 800~1 000g/m²。播种完毕将料面拍平，不露菌种块。

267. 播种后覆土打孔怎样操作？

播种后及时覆土。覆土厚度 2cm 左右，覆土湿度以握之成团、落地即散为宜，用石灰粉调节覆土 pH 值 7.5~7.8 即可。覆土后从料床中部扎两排直径 3~4cm 的透气孔，排间距 30cm，孔间距 20~25cm，掌握高温季节间距小、打孔多，以透气散热。覆土表面可适度遮盖草帘或麦秸、稻壳，与缓冲料床的温湿度保持一致，之后扣棚覆盖薄膜。

268. 发菌期如何管理？

早季播种应防止栽培料高温"烧菌"，料内温度控制以 18~27℃为宜，并保持覆土湿润，拱棚内超过 28℃要及时适度敞膜通风，下雨天须盖严薄膜防止雨水灌入料内。播种后 20 天内不须喷浇水，待菌丝长满料床 2/3 时开始喷保湿水，保持覆土层及覆盖物湿润即可，不能积水，避免因料内水分过大、菌床透气性差造成菌丝衰退死亡。当菌丝爬满土面后，适度敞开棚膜通风并停止喷水，使畦面菌丝由营养生长转向生殖生长。待土层覆盖物偏干时，再喷大水进行催菇，在适宜的温度条件下，约经 7 天土层表面出现白色子实体原基时，即可进行出菇管理。

269. 出菇期如何管理？

（1）水分。当土层表面出现大球盖菇菌蕾时，每天中午前后向菇床喷少量雾化水，保持土壤湿润状态。喷水的原则是少喷、勤喷和晴天多喷、阴天少喷、雨天不喷，禁止大水喷浇，以免幼菇死亡，使棚内空气相对湿度保持为 85%~95%即可。若菇床水分和空气湿度过小，原基产生少，菌蕾易枯萎，菇体开伞早，菌盖菌柄易开裂。

（2）温度。大球盖菇出菇期温度控制在 13~25℃为最适，低于 10℃或超过 28℃生长发育均不正常。进入霜冻期，当地温低于 8℃时，应停止喷水催菇，可增厚土层覆盖物进入越冬处理。待翌年 3 月中旬地温升至 13℃以上时再进行催菇管理。当棚内温度超过 25℃时，拱棚上方搭盖遮阳网，同时在排水沟内灌水，并适度敞开棚膜以通风降温，保持菇体正常生长。温度高，出菇多，菇体小，菌柄细长，易开伞，品质差，保鲜期短；温度偏低，生长慢，菇体大，菌柄粗短，菌盖肥厚，不易开伞，品质好，保鲜期长。

（3）光照和通风。大球盖菇子实体分化与生长发育需要一定的散射光，一般林下及荫棚的散射光可以满足其对光照的要求，林地郁闭度 0.3~0.7 均可。若光线过强，可在林间搭盖遮阳网。出菇期间灵活掌握拱棚的通风换气，白天适度敞开棚膜通风，防止菇体生长因缺氧而畸形，夜晚盖严棚膜以防大风吹干床面。

270. 大球盖菇采收及转潮如何管理？

大球盖菇生长较快，当菇体生长至五六分熟，菌盖呈钟形、尚未松动时即可采收，品质佳、口感好、保鲜期长。优质大球盖菇菌盖直径 6~8cm，菌盖深红棕色，未开伞，菌柄白色。采收时一手握住菇脚、另一手压住菌料，轻轻扭转向上拔起，采大留小，勿伤及周边幼菇。采后菌床上留下的凹穴及时填补细土，清除残留菇根，以利于大球盖菇菌丝恢复生长和再次出菇。大球盖菇可采收 3 潮以上，一潮菇采收结束后，停水养菌 4~5 天，待菌丝恢复后再喷浇大水进行转潮催蕾。

271. 大球盖菇病虫害怎样防控？

大球盖菇菌丝体抗杂抗病能力较强，在适宜的温度范围内，杂菌及侵染性病害发生较少，适当降低出菇期棚温，可减少杂菌、病害的发生。如出现绿霉、毛霉、黏菌、盘菌、鬼伞等杂菌，可在污染处覆盖生石灰粉，及时清除盘菌，拔出鬼伞。栽培和出菇前可选择低毒低残留农药及消毒杀虫剂进行地面环境喷洒或熏杀预防，出菇后不能向菇床喷施任何化学农药。出菇期间可选用植物源杀菌杀虫制剂喷洒菇床周边及地面环境防控病虫害，在拱棚中设置粘虫板、杀虫灯及诱杀剂，以控制菌蚊、跳虫、菇螨及蚂蚁、蛞蝓等有害生物。

272. 大球盖菇怎样干制和盐渍加工？

（1）干制。干制可采用人工机械脱水的方法。或者把鲜菇经杀青后，排放于竹筛上，送入脱水机内脱水，使含水量达 11%～13%。杀青后脱水干燥的大球盖菇，香味浓，口感好，开伞菇采用此法加工，可提高质量。也可采用焙烤脱水，用 40℃ 文火烘烤至七八成干后再升温至 50～60℃，直至菇体足干，冷却后及时装入塑料食品袋，避免干菇回潮发霉变质。

（2）盐渍。大球盖菇菇体一般较大，杀青需 8～12 分钟，以菇体熟而不烂为度，视菇体大小掌握。一般熟菇置冷水中会下沉，而生菇上浮。按一层盐一层菇装缸，上压重物再加盖。盐水务必要没过菇体。

第十九节 羊肚菌

273. 什么是羊肚菌？

羊肚菌又称羊肚菜、羊肚蘑，是一种珍贵的食用菌和药用菌，是与松露、松茸、牛肝菌齐名的世界四大名野生菌，深受全球消费者的喜爱。羊肚菌由羊肚状的菌盖和菌柄组成。菌盖表面有网状棱的子实层，边缘与菌柄相连；菌柄圆筒状、中空，表面平滑或有凹槽，基部较粗大。据测定，羊肚菌含粗蛋白 20%、粗脂肪 26%、碳水化合物 38.1%，还含有多种人体必需氨基酸和矿物质，每百克干品中钾、磷含量是冬虫夏草的 7 倍和 4 倍，锌的含量是香菇的 4.3 倍，铁的含量是香菇的 31 倍，猴头菇的 12 倍等。另外，羊肚菌还至少含有 8 种维生素：维生素 B_1、维生素 B_2、维生素 B_{12}、烟酸、泛酸、吡哆醇、生物素和叶酸。羊肚菌含抑制肿瘤的多糖，其抗菌、抗病毒的活性成分，具有增强机体免疫力、抗疲劳、抗病毒、抑制肿瘤等诸多作用。

274. 羊肚菌栽培菌种如何选择？

羊肚菌属于子囊菌类，菌种易退化，性状不稳定，应避免母种随意扩繁；不能选择栽培的子囊果自行分离菌种，直接用作生产中的母种。人工分离的菌种必须经过栽培试验，检验其性状，经过系统筛选，才能应用于规模化栽培。应尽量选择当前已实现人工大面积成功栽培的菌株，进行菌种生产。目前人工种植的羊肚菌多以六妹羊肚菌、七妹羊肚菌和梯棱羊肚菌系列菌株为主。六妹耐寒性较好，更适宜北方种植。

275. 种植羊肚菌需要哪些原料？

羊肚菌菌种和外援营养袋的基质主料有小麦粒、阔叶树木屑、稻壳、棉籽壳、玉米芯、麦麸、谷壳等，土壤施肥有羊粪（或兔粪、牛粪）发酵有机肥以及腐殖土、草炭土、草木灰、石膏粉、氮磷钾复合肥、磷酸二氢钾、生石灰等。

276. 羊肚菌栽培的产地环境如何选择？

选择地势高燥平坦、便于通风，耕作层厚度25cm以上，土壤pH值6.5~7.8，土质疏松、利水、透气、肥沃、土粒均匀的田地，避免过黏、过沙。土壤内无残留地膜、大石块、芦苇根、未腐熟还田秸秆、生粪块等杂物。栽培场地应排灌便利，水、电条件齐全，水源清洁、无污染，交通运输方便。种植区远离工业"三废"及工矿粉尘、畜禽养殖场排泄物等污染源。

277. 羊肚菌适宜在哪个季节栽培？

由于不同区域的气候条件不同，羊肚菌的栽培季节、设施和管理方法要因地制宜。羊肚菌是低温品种，整个生育期地表15cm内空气温度宜在18℃以下，最佳播种期5cm深地温应稳定在16℃以下，若播种过早，地温偏高，会影响羊肚菌的菌丝活性和生理变化，最终影响出菇和产量。我国北方地区利用冬暖棚地栽羊肚菌，采用"冬种春收"的栽培工艺。当年夏季进行养地和消毒处理，9月上中旬开始制种，9月中旬至10月中旬整理土地。当环境最高空气温度不高于18℃、土壤温度不高于16℃时即可播种栽培。一般在11月上旬至12月下旬播种，翌年2月上旬至4月中旬出菇。

278. 目前羊肚菌栽培的工艺路线是什么？

羊肚菌栽培工艺流程图如下所示。

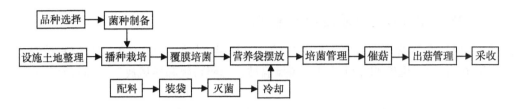

 ## 279. 如何摆放外援营养袋？

羊肚菌播种后 7~10 天，当畦面出现大量白色菌丝体"菌霜"时，就可摆放营养袋。在营养袋一侧面，用间距 1cm 的 3 排消毒钉板扎孔或用消毒利刀纵向划开 2 条 10~12cm 长、间距 2cm、交错排列的直口，将有扎孔或划口的一面朝下，贴近地表有菌丝的部位，顺播种沟方向平行交错摆放，行间距约 40cm，袋间距 40~50cm，每条畦床摆放 3 排，边缘两排放置在播种沟上面，中间一排放置在中部两排播种沟中央，每亩摆放 2 500~3 000袋。放置时应将营养包压实，与畦面土壤紧密贴接。放置营养包后，在其上部加塑料膜及遮光材料保温，也可不揭去前期覆盖的黑色地膜，继续用地膜覆盖菌畦，于营养袋位置处，在地膜上划开长口，摆放营养袋后将地膜向上提起，覆盖住营养袋即可，以促进菌丝充分吸收转化营养袋中的养分，在土壤中贮存足够的菌丝体营养。

280. 羊肚菌栽培如何进行催菇管理？

当地温回升稳定为 6~8℃、地表温度稳定为 8~10℃，羊肚菌发菌期已达 50 天以上、营养袋重量已减少一半以上，在光照多、温度高的地方有部分羊肚菌原基出现时，根据棚体调控抗御性能和当地一周内天气预报，未有极端不良气候变化，确保羊肚菌从原基形成到生长 3cm 之前，棚内小气候避免出现地表空气温度低于 8℃或者高于 18℃，即可进行催菇操作。

在催菇前揭开黑色地膜，发菌期菌丝处于黑暗环境，揭膜后暴露在一定强度的光照下，促进菌丝分化形成原基，外援营养袋可留可去除。采用微喷或微灌进行补水，使畦面完全湿透，可持续 2~3 遍，但不要破坏畦面土层，或沿排水沟漫灌保持 24 小时，并及时排掉多余积水。土壤含水量达到 70%~75%，通过微喷将空气相对湿度控制为85%~95%。白天闭棚增温，确保地温达到6℃以上，最高棚温不高于18℃，夜间可掀开通风口降温，最低棚温不低于8℃，适当拉大昼夜棚温温差，保持5天左右，刺激出菇。

281. 羊肚菌出菇阶段如何管理？

（1）温度管理。"防低温，忌高温"。地温宜控制为8~16℃，气温宜控制为10~18℃，温度调控可通过揭盖保温被、遮阴盖膜和通风放风、喷浇水等方式来调节。

（2）湿度管理。少量喷雾水，勿喷后闷棚。羊肚菌菌床要掌握好播种前和催菇时两个浇大水保湿的重要环节。出菇期土壤湿度保持畦面湿润即可，空气相对湿度以85%左右为宜。采用少量多次的方法进行补水，以喷小水、雾化水为宜，根据羊肚菌生长数量多少确定喷水量，喷水时间不宜超过3分钟，严禁大水漫灌，喷水后及时通风，切勿闷棚。菌床表面采用透明、带通气孔的保湿地膜或小拱棚膜保温保湿。

（3）通风管理。"设缓冲膜，下部排风"。羊肚菌出菇棚通风方式以下部对流为宜，以便于二氧化碳能排出棚外，但为避免寒风或干热风直吹菇体，应在温室门口处及棚膜底部的通风口处拉1m高左右的缓冲膜。

（4）光照管理原则。"散射光普照，忌直射光"。发菌期羊肚菌棚内以弱散射光为主，光照强度100~200Lx，避免强光直射。催菇时采取揭开黑色地膜措施，出菇期羊肚菌菌床表面保湿地膜或拱膜应透明、带通气孔，光照强度调控为200~500Lx。

在羊肚菌菌种播种后7~21天，菌丝长透土层，土面形成白色霜状物时，这时在土面上补充有机营养物，促使羊肚菌菌丝由营养生长阶段向生殖生长阶段转化，充分补充营养物后，在适宜温湿度条件下，羊肚菌子实体原基就开始分化。在北方菌种播种后7天左右，菌丝长出土面，就可摆放营养袋。具体方法是，把灭过菌的营养袋一侧刺孔，紧贴地表有菌丝的部位，在其上部加塑料膜及遮光材料保温，促进菌丝充分转化营养袋中的培养料，在土壤中贮存足够的菌丝体营养，保证翌年出菇需要。

282. 羊肚菌病虫害如何防治？

羊肚菌病虫害的防治原则应当遵循"预防为主，综合防治"。防治方法主要宜采用农业防治、物理防治。

（1）病害防控。羊肚菌栽培发菌期间如发现有细菌、黏菌、霉菌或盘菌感染时，应及时将污染菌种及污染处土壤清除，并撒施生石灰粉覆盖消毒。当菌畦上发现有污染各种杂菌的营养袋，应及时清除，移出栽培棚深埋处理。如子实体发生细菌性或霉菌性病害时，应及时清除病菇，并在病菇处喷洒漂白粉消毒液、农用链霉素水溶液或用50%咪鲜胺1 000倍液喷雾。当发现羊肚菌子实体畸形、枯死或软腐等生理性病害时，应及时查明原因，清除病菇，调控适宜的温度、湿度和通气、光照条件，使其恢复正常生长。

（2）虫害防控。采用黄色粘虫板或频振式杀虫灯、黑光灯诱杀菌蚊、瘿蚊等成虫，粘虫板悬挂高度离地0.5m为宜。按红糖∶醋∶白酒∶水（3∶4∶1∶92）的比例放入瓷盘中，再滴入2~3滴无味杀虫剂，置于出菇场所对跳虫等害虫进行诱杀。在蛞蝓等软体动物危害处，撒施生石灰粉或喷施5%的食盐水进行杀灭。出菇前或早晚茬出菇间歇期，可在棚内地面喷洒植物源杀虫制剂，防控多种害虫。

283. 羊肚菌如何采收？

采收应在晴天进行。子实体长到7~12cm、菌盖皱褶充分展开明晰、约八成熟时，应及时采收。采大留小，采收时用利刀齐土面平整割下，避免带出或损伤周边幼菇。采后清除子实体基部泥土，轻拿轻放置于保鲜筐内，避免挤压。及时清理畦床和走道上的菇根、死菇等。羊肚菌鲜菇应在1~5℃冷库中透冷包装、储藏和冷链运输。羊肚菌干品装入食品袋内密封阴凉干燥存放，不得与有污染、有异味和易于传播霉菌、害虫的物品混合包装。

284. 羊肚菌烘干工艺是什么？

羊肚菌的水分含量非常高，在烘干的过程中要特别注重温度与湿度的控制。

（1）烘房预热，初期烘房温度设定为32℃。

（2）温度设定40~50℃，每两小时升温3℃，烘干模式为烘干+排湿，烘焙时间6小时。此阶段完成后需停止烘干1小时。

（3）温度设定45~50℃，烘焙时间6小时，烘干模式为烘干+排湿。此阶段后需停止烘干2小时，停火时检查筛选出已烘干好的羊肚菌。

（4）温度设定50~55℃，烘干模式为连续除湿，直到烘干为止。

羊肚菌烘干完成后，不要急于马上装袋，可在空气中静置10~20分钟，使其表面稍微回软，否则干硬的羊肚菌在装袋过程中发生脆断而被损坏。

285. 羊肚菌的保存方法有哪些？

（1）阴凉干燥保存。低温季节将新鲜羊肚菌摊放在阴凉干燥处保存，注意避免堆放升温、环境潮湿和避免阳光直射，存放温度不高于常温，一般可以保存2~3天。

（2）冷藏保存。将鲜羊肚菌放入冷藏箱（库）保存，在一定程度上可延长其保存时间，但要保持冷藏环境空气湿度较低，羊肚菌用保鲜袋包装好，在1~3℃条件下可保鲜5~7天。也可以较长时间速冻保存。

（3）真空保存。一般真空保存的羊肚菌可以保鲜15天左右。但羊肚菌保存之前不能用水清洗，否则会加快腐烂或霉变速度。

（4）干品保存。烘干或晒干的羊肚菌（含水量12%以下）装入自封袋中，封好口，置于阴凉干燥黑暗处保存即可。如加上抽空密封等处理，则保存时间较长。

第二十节　长根菇

 286. 什么是长根菇？

长根菇学名卵孢小奥德蘑，其商品名称为黑皮鸡枞菌，是近年来山东省发展最快、生产量最大、投入产出比最高的高端珍稀菇种。长根菇子实体单生或群生。菌盖直径2.2~11.0cm，半球形，老熟时平展、边缘翻卷，顶部呈脐状凸起，并有辐射状皱纹，光洁，湿时微黏滑，茶褐色、黑褐色至黑灰色，菌肉白色。菌褶离生或贴生，较稀疏，不等长，白色。菌柄上细下粗，长4.5~17.0cm，粗0.6~1.8cm，浅褐色、浅灰色至灰色，表皮质脆，菌肉纤维质、松软，老熟时中下部纤维化程度高，基部稍膨大，可延生成长达9~13cm的细假根。长根菇是典型的珍稀优质高档食用菌代表品种，富含蛋白质、氨基酸、多糖类、维生素和微量元素等营养保健成分，其肉质细嫩、口感鲜甜、香味浓郁、柄脆爽口，鲜销、干制均可，食、药用和经济价值很高，市场价俏畅销，效益显著。作为周年立体生产的新菇种，深受国内外市场欢迎，是工厂化栽培菌类的后起之秀，产业化发展潜力甚大。

 287. 长根菇的生物学特性如何？

长根菇是土生木腐菌，菌龄较长，菌丝长满袋一般需35~45天，再经

30~45 天才能达到生理成熟。

（1）营养。长根菇可在木屑、棉籽壳、玉米芯等多种原料上生长。原辅材料应纯净、干燥、无霉变、无虫、无异味，木屑经自然发酵或人工堆制发酵处理 1.5~2 个月，木屑、玉米芯颗粒直径为 0.2~0.5cm。

（2）温度。菌丝生长最佳温度 20~25℃，出菇最佳温度 23~26℃，子实体生长发育的最佳温度 24~28℃。

（3）湿度。菌丝生长时，培养料基质适宜的含水量为 65%~70%。出菇时，空气相对湿度需要维持 80%~90%。

（4）光照。发菌期避光培养；出菇期喜黑暗至弱光环境，保证光照强度 200~500Lx 即可。

（5）酸碱度。子实体适宜在中性或弱酸性或微酸性环境中生长，pH 值以 6.5~7.3 为宜。

（6）通风。出菇期要求生长环境空气新鲜，控制菇房内二氧化碳浓度 0.15% 以下。

（7）覆土。覆土可促使长根菇子实体生长量增加，且生长健壮、整齐。

288. 长根菇的栽培工艺是什么？

长根菇属于偏高温型食用菌类，适宜出菇温度范围较为狭窄。其栽培工艺流程为：液体菌种制备→配料、拌料、装袋→灭菌、冷却→接种→发菌培养→后熟培养→脱袋覆土培育→出菇管理→采收。

289. 长根菇菌种有何制作要求？

选用抗逆抗霉性强、优质、高产、无退化品种，从具有菌种生产经营资质的供种单位引种。母种、原种、栽培种的繁育严格进行无菌操作，原种、栽培种采用液体菌种繁育培制，菌种培养应在经消毒的恒温培养室内进行，菌种、菌包制备车间应与栽培出菇场所隔离。

290. 长根菇栽培基质配方是什么？

（1）配方一。棉籽壳 35%，阔叶树木屑 30%，玉米芯 15%，麦麸 12%，豆粕粉 3%，玉米粉 3%，石膏粉 1%，生石灰粉 1%。

（2）配方二。阔叶树木屑 30%，玉米芯 30%，棉籽壳 15%，麦麸 15%，豆粕粉 4%，玉米粉 3%，过磷酸钙 1%，石膏粉 1%，生石灰粉 1%。

291. 长根菇菌包怎样制备？

按配方准确配制栽培料，搅拌均匀，调配含水量至 65% 左右，初始 pH 值 7.5 左右。菌包塑料筒膜规格为长 35cm×折径 17cm，采用一端折角菌袋、装袋机操作，将栽培料均匀压实，另一端留有接种穴，菌包装料端部插棒窝口或套无棉盖体封口。每个菌包装干培养料平均 0.55kg，装料后菌包长度约 20cm。采用高压灭菌，在 0.15MPa 蒸汽压力下保持 2.5 小时。同一批菌包拌料、装袋、灭菌要在一天内完成。

292. 长根菇菌包接种如何操作？

灭菌后的料袋置于无菌冷却室冷却至 29℃ 以下，即可移入接种室内进行接种。接种人员应穿戴已清洗消毒的衣、帽、鞋和手套、口罩，通过风淋间洁净后进入接种室。接种采用自动接种机进行，接种前各工作部件用 75% 乙醇喷雾和擦拭消毒。接种工具用酒精灯火焰灭菌，接种过程严格无菌操作。同一批灭菌的料袋要及时连续接完，接种后将菌包移入培养室发菌。

293. 长根菇发菌阶段如何管理？

控制培养室空气温度 23~25℃，空气相对湿度 55%~65%，避光，间歇式输送新风培养，菌丝生长阶段调控培养室内二氧化碳浓度在 0.2% 以下。经 35~45 天菌丝长满料袋，培养室空气温度降至 21~23℃，继续后熟培养 30~35 天，使菌丝达到生理成熟。当菌包硬实且有弹性、菌丝体浓密健壮、表面局部出现褐色菌被和密集的白色菌丝束时，即可进行脱袋覆土栽培。

294. 菌包储运过程中如何避免高温"烧菌"？

长根菇菌包脱袋前，在运送过程及前后储存期间一定要采取冷藏措施，应建立标准化储运操作流程，避免菌料生热"烧菌"。尤其在高温季节，如运输时间超过 2 小时，应实行冷链物流方式运送，包装采用网袋或透气周转筐，菌包过夜采取冷藏（15~16℃）库存，较长期储运应控制环境温度为 12~15℃，保持其稳定抗性。储运环境要求消毒、干燥、无杂菌源。

295. 长根菇覆土培育怎样进行？

出菇菌床底层土壤铺垫厚度至少为 5cm，均匀撒生石灰粉或用 40% 二氯异氰尿酸钠可溶性粉剂 800 倍液进行喷洒消毒。将菌包用刀尖划开，脱去塑料筒膜，于上述二氯异氰尿酸钠消毒液中浸蘸一下，随即取出，竖直摆放于菌床上，菌棒摆放密度为 45~55 个整菌棒/m²，菌棒间隙 4cm 左右，用壤土填充，再进行表层覆土。覆土材料要求：选用不沙不黏、质地疏松、透气持水、颗粒均匀的肥沃壤土，土粒大小为 0.2~0.8cm，用 1%的石灰水或 40%二氯异氰尿酸钠可溶性粉剂 800 倍液喷拌处理，以消毒防虫，调土壤含水量至 20%~25%，pH 值 7.0~7.5。菌棒第一次覆土厚度 2cm 后喷浇水一次，然后再补充覆土，菌棒表面土层总厚度为 3~3.5cm，将床面土层整平，不再浇水，喷适量雾化水保持覆土湿润即可。覆土后控制菇房空气温度 24~28℃，土壤温度22~24℃，一般经 25~30 天培育，即开始现蕾出菇，进入出菇管理阶段。

296. 长根菇出菇期如何管控环境条件？

当覆土层表面有少量白色菌丝出现时，适量喷水并适度加大通风量，保持菇房内空气温度 24~28℃，昼夜温差 5℃以内，土壤温度 23~25℃；保持菇房内空气相对湿度90%左右，光照强度 200~300Lx，以促进原基分化。待菇蕾陆续形成时，减少通风量，降低空气对流强度，控制菇房内二氧化碳浓度0.15%以下，保持菇房温度、湿度相对稳定，以利于幼菇发育。幼菇生长至大量出菇期，保持菇房空气温度 25~29℃，覆土温度 24~25℃，空气相对湿度80%~90%，定期适量通风，控制二氧化碳浓度 0.2%以下即可，保持光照强度 200~500Lx。每隔 6~7 天在菇床上喷施一次 1%石灰水上清液或 40%二氯异氰尿酸钠可溶粉 1 000 倍液，以消毒防虫。

297. 长根菇的采收要点有哪些？

长根菇的采收，原则上是越嫩越好，长根菇菌盖与菇柄成 45°角的时候采收最佳。如果菇伞平直，或者是菌盖翻转就已经过老、口感较差了。长根菇的采摘，最好是每天清晨，如过了中午之后，往往因气温过高而致菇体很快老化。采收时手指捏住菌柄下部轻轻转动并往上拔起，防止菌柄断裂，注意保护好幼菇和小菌蕾。新鲜长根菇采收后，将其假根连同菇柄基部的附土一并削除，然后放入塑胶筐或保鲜盒，置于 12℃储存库中，可保鲜 7 天以上。

298. 长根菇菌包抗病培育和健康出菇有哪些注意事项？

（1）长根菇菌包培养及后熟总时间应不少于 70 天。

（2）覆土培育期和出菇期勿高温闷棚，控制覆土及菌料温度不要过高，否则造成菌棒污染杂菌或菇蕾、幼菇死亡。

（3）菇体偏低温生长健康优质，粗壮色深厚实；高温生长过快，菇体细弱色浅肉薄，柄长开伞早，优级商品率低。

第二十一节　金　耳

299. 什么是金耳？

金耳别名黄金银耳、黄木耳、金木耳、黄耳、脑状银耳、脑耳、胶耳等，是一种食、药兼用的珍稀真菌。

300. 金耳的分布与习性是什么？

金耳主要分布于亚洲、欧洲、南北美洲和大洋洲。在我国主要分布于云南、四川、贵州、湖北、山西、江西、福建、陕西、吉林、西藏等地。

金耳菌丝体不具分解木质纤维的能力，在生长发育中需要一种特定的生物因素——耳友菌（也叫伴生菌）的存在，耳友菌为粗毛硬革（也叫毛韧革菌），属韧革菌科韧革菌属，是一种木腐菌，能分解木材中的纤维素、半纤维素和木质素。在与金耳伴生期间，可为金耳提供易于吸收利用的碳源、氮源及其他营养物质。由于受到特定生物因素的相互制约，金耳产地的分布虽然范围很广，但自然资源的蕴藏量却很稀少。在自然条件下，能形成少量商品生产的基地，也只集中在云南省靠近金沙江和澜沧江流域的林区。

野生的金耳在云南多发生在海拔 1 900～3 300m，年降水量为 900～1 500mm，年平均气温为 8～15℃，向阳透风的阔叶林或针阔混交林中，当林内郁闭度为 0.4～0.5，小气候环境温度 18～25℃，相对湿度为 70%～80% 时，金耳产量较高，品质也好。适生的树种，相对比银耳少，主要生长在黄栎、高山栎、水青冈、石栗、灰背栎等的倒木或枯干上，在滇西北又以生长在黄栎的枯立木、积倒木上的数量最多，品质也较好。子实体单生至群生。

301. 金耳的形态特征是什么？

金耳子实体半球形至不定型块状，多由不规则的瓣团组成，表面脑状，或不规则地缩成大肠状，体大型，直径一般为 8～12cm，有时可达 25cm，厚 3～6cm，有时可达 10cm；鲜时，胶质柔软，表面平滑，金黄色至橙红色，内部黄白色至白色，干后橘黄褐色至暗黄褐色，体积显著收缩，近角质或肉质，坚硬，但基本保持原状。子实层覆于子实体的整个表面，内部由粗毛硬革的菌丝组成，成熟的子实体表面，特别是在脑沟处，覆盖一层白色粉末状的担孢子；担孢子卵形至球形，纵分隔，透明，无色或淡黄色（粗毛硬革分泌的色素染成），$(8 \sim 13)$ μm×$(8 \sim 10)$ μm。

金耳生活史同木耳相似。自然生长季节，金耳子实体成熟后，能不断地弹射担孢子。后担孢子萌发形成菌丝，相邻可亲和的单核菌丝互相结合形成双核菌丝，双核菌丝高度集中，扭结胶质化而形成子实体。

302. 金耳的食药用价值如何？

金耳胶质细腻，滑润可口，味香色美，营养丰富。据报道，金耳干品中含水分 15.33%，蛋白质 7.04%~9.56%，脂肪 1.70%~2.96%，碳水化合物66.91%，总糖量 14.38%，还原糖 6.79%，纤维 2.64%，灰分 3.44%~3.75%（包含磷、硫、锰、铁、镁、钙、钾及锌、硒、锗等多种矿质元素）。含有 17 种氨基酸，其中包含人体 8 种必需氨基酸，每 100g 含量为 3.15~3.44g，必需氨基酸占氨基酸总量的 37.85%~39.42%。此外还含有多种维生素，如维生素 A、维生素 B_1、维生素 B_2、烟酸等，这些营养成分不论是平衡人体的代谢或强化人体代谢都是十分有益的。现代科学研究证明，金耳的滋补营养价值，优于银耳、黑木耳等其他胶质菌，是一种理想的高级保健食品。

在药用上，中医学认为，金耳子实体性温带寒，味甘，具有化痰止咳、定喘镇惊、调气提神、消炎解毒等功效，主治肺热痰多、感冒咳嗽、气喘气虚、神经衰弱、高血压等疾病。《经史证类备急本草》有"其金色者（即金耳），治癖饮积聚，腹痛，金疮"的记载。另外，还有助于轻度脑血栓、脑缺氧、一氧化碳中毒引起的偏瘫、手脚麻木的肌力恢复。

303. 金耳的生活条件是什么？

（1）营养。金耳菌丝体不具分解木质纤维素的能力，分解木质纤维素由耳友菌粗毛硬革来完成。金耳与粗毛硬革有明显的专一性，与银耳属的其他耳友菌都不能搭配，搭配也不能形成子实体。粗毛硬革是一种分解能力较强的木腐菌，能分解木材中的纤维素、半纤维素、木质素。它在营养代谢上与银耳的耳友菌又有很大的区别，银耳的耳友菌不具分解木质素的能力，而粗毛硬革不仅能分解木质素，而且在培养初期就首先分解木质素，在整个培养过程也以分解木质素为最多。粗毛硬革在生长发育期间，能向基物中释放羧甲基纤维素酶（CMC 酶）、FP 酶、半纤维素酶、淀粉酶、果胶酶和多酚氧化酶等，这些酶活性的高峰期却有所不同，淀粉酶和果胶酶的活性高峰期出现在培养初期（0~13天），这说明菌丝体生长初期是以基物中非木质纤维素的有机物为碳源的，也说明人工栽培中，适当添加一些淀粉类物质，对菌丝体生长的初期是十分必要的。而羧甲基纤维素酶、FP酶和半纤维素酶，则始终存在金耳整个发育过程中，这对金耳可以源源不断地从基物中获得所需的营养物质也是十分重要的。因此，在人工栽培中，用适生树种的木屑或棉籽壳为主料，添加适量的麦麸、玉米粉、石膏等为辅料，可以满足金耳对营养条件的需要。

（2）温度。菌丝体生长温度范围4~35℃，最适温度22~25℃，4~10℃菌丝生长缓慢，35℃以上菌丝停止生长；子实体分化最适温度为20~23℃，生长最适温度18~23℃。

（3）湿度。菌丝体生长阶段，培养料的含水量以料水比1：（1.2~1.5）为宜；出耳阶段空气相对湿度以85%~90%为宜，低于80%，子实体易干燥，高于90%，容易污染杂菌或造成烂耳。

（4）光线。菌丝体生长阶段，不需要光线，原基分化和子实体形成阶段，则需要一定的散射光，光照强度以80~150Lx最适，子实体生长快，色泽深，呈橙红色，如光照强度弱，则子实体色泽浅。

（5）空气。金耳为好气性菌类，在整个生长发育过程中都需要有清新的空气，特别是子实体发生阶段，更要注意通风换气，如果通气不良，金耳子实体生长缓慢，粗毛硬革菌菌丝生长旺盛，抑制金耳子实体生长发育，或导致子实体呈黄白色。

（6）酸碱度。菌丝体在pH值5~8的范围内均可生长，而以pH值5.8~6.2生长最好。

304. 金耳的菌种如何制备？

由于金耳的生长发育需要特定的耳友菌粗毛硬革来为其提供营养源，因此，使用的菌种，必须是具有金耳与粗毛硬革两种菌丝同时存在的混合菌种，才能长出金耳子实体来。

（1）母种。母种的分离，以组织分离法为最理想和最简便，因为金耳的子实层生于子实体表面，而粗毛硬革的菌丝则生于子实体及基质内部，如果采用孢子分离法，只能得到酵母状分生孢子，不含粗毛硬革菌丝；如果采用耳木分离法，则只能得到粗毛硬革菌丝，不易得到金耳菌丝。因此，只有采用组织分离法，才可得到既有金耳菌丝又有粗毛硬革菌丝的菌种。

组织分离法是将子实体洗净，晾去表面水分，迅速把子实体撕开，在外层和内层交界处切取一小块组织，移入PDA培养基上，如果采用PDA加富培养基（如 PDA+3%麦粒煮汁或 PDA+蛋白胨 10g）则效果更佳，分离后置于 18～25℃下培养，组织块恢复生长后，便出现白色至浅黄色短而密的金耳菌丝（以后会胶质化成为金耳原基），以及金黄色的粗毛硬革菌丝。这种具有双重菌丝的试管斜面就是金耳的母种。

（2）原种。原种的培养基配方是：杂木屑 78%，麦麸 20%，石膏 1%，蔗糖 1%；或杂木屑 77%，麦麸 20%，石膏 1%，蔗糖 1%，磷酸二氢钾 0.5%，硫酸镁 0.5%。按常规装瓶、灭菌后，接入斜面母种，一般一管只接一瓶，然后置于 25℃左右培养，凡瓶内培养基表面会形成金耳子实体，便是金耳的原种。

（3）栽培种。栽培种的培养基配方与原种相同。金耳栽培种与银耳栽培种在接种方法上有明显不同。金耳应取原种瓶内带有金耳子实体少许及其下方的木屑培养基一起接到栽培种培养基上，如果去掉子实体，只取其下的木屑培养基，则成功率大为降低。而银耳接栽培种时完全可以这样做，因为去掉子实体后，其下的木屑培养基仍含有银耳菌丝和耳友菌丝。

凡接种成功的，两种菌丝都恢复生长，培养一段时间后，就会在培养基上方出现淡黄色或白色的脑状胶质即金耳的子实体；粗毛硬革菌丝布满全瓶，但不十分旺盛。

菌种的质量，直接影响产量的高低，栽培时必须选用优质的菌种。菌种质量的鉴别，可通过感官来判断：菌丝生长均匀，不吐黄水，瓶壁上无或有少量拮抗线（地图斑），无杂菌污染，培养基表面菌丝呈淡黄白色，有黄豆至蚕豆大小的白色胶质耳块出现，菌龄在 1～1.5 个月，都可视为是优良的菌种。如果瓶内只长浓密的菌丝，橙红色或橙黄色，常分泌橙黄色液体，后期在瓶壁上形成浅盘状子实体，则为只含粗毛硬革菌丝不含金耳菌丝的菌种，不能用于生产。

305. 金耳的栽培季节如何安排？

金耳生长周期较短。段木栽培的，当气温稳定在 10～15℃时为适宜的接种期，在滇中、滇西以 1—2 月接种为佳，从接种到采收需 55～120 天。山西在 3—5 月接种的，7 月即可采收第一批子实体。代料栽培的，一年可安排春、秋两个栽培季节。浙江庆元在海拔 500m 以下的地区，其栽培季节的安排是：4—5 月进行母种扩大培养；6 月中旬至 7 月中旬制作原种；7 月下旬制作栽培种；10 月开始栽培至翌年 3 月止，其间可安排栽培两期，即 10 月初至翌年 1 月中旬及 1 月底至 3 月底。

306. 金耳的栽培场地如何选择？

段木栽培可在林间利用天然的遮阴度和温湿度等生态条件作为栽培的场所。代料袋栽可利用室内一般菇房作为栽培场所。段木栽培或代料栽培也可选择背风向阳、地势较高、水源方便、清洁卫生的地方搭建耳棚作为栽培场所，耳棚可用塑料薄膜、石棉瓦等简易建材建成，但要注意能有效调控棚内的温度、湿度、光照和通风换气等生态条件。

307. 金耳的栽培原料的种类及配方包括哪些？

金耳虽可在多种阔叶树木屑中生长，但作为段木栽培的适生树种却并不多，主要集中在山毛榉科（壳斗科）的某些种上，如黄栎、毛青冈等为最适，栓皮栎、辽东栎、蒙古栎、米槠以及大戟科的千年桐也可获得栽培成功。树龄以 5~10 年生，段木直径以 8~16cm 为宜。代料栽培则以适生树种的木屑和棉籽壳为主料，适当添加一些麦麸、玉米粉、石膏等为辅料。各地使用的配方如下。

（1）浙江庆元配方。

①阔叶树木屑 78%，米糠 20%，石膏 0.5%，蔗糖 1%，维生素 B_1 每千克干料 10mg。

②阔叶木屑 78%，麦麸 10%，米糠 10%，蔗糖 1%，石膏 1%。

③杂木屑 70%，米糠 20%，玉米粉 5%，豆秆粉 3%，蔗糖 1%，石膏 1%。

（2）福建南平配方。

①棉籽壳 78%，麦麸 20%，蔗糖和碳酸钙各 1%。

②杂木屑 39%，棉籽壳 39%，麦麸 20%，蔗糖和碳酸钙各 1%。

（3）河北配方。

①杂木屑 80%，棉籽壳 18%，蔗糖 1%，石膏 1%。

②杂木屑 80%，棉籽壳 17%，磷酸二氢钾 1%，石膏 1%，硫酸镁 0.5%，硫酸亚铁 0.5%。

308. 金耳的栽培方式有哪些？

以浙江庆元和福建南平所报道的袋栽金耳获得成功的经验及其栽培技术，综合介绍如下。

（1）菌袋的制作。浙江庆元采用的塑料袋规格是（14~15）cm×30cm×0.05cm 的聚丙烯料筒，每袋装干料 100g，装袋前将袋底两角折入成四方形，当培养料的装入量约占袋长的 12cm 处时，压紧，整平料面，袋口套颈圈及塞棉花。采用这种短袋栽培的好处是：用料省，成本低，装料后能竖立不倒，在出耳期间，可省去套筒等操作，袋内保湿性能好，袋口宽，透气性也好，生长的子实体朵大、均匀。

按常规灭菌、接种。接种时要特别注意取原种瓶内金耳子实体少许和下方 3cm 左右处的培养基一小块，一起接到袋内料面上，如果去掉金耳子实体，则成功率大大降低。

（2）发菌期管理。接种后置于 22~25℃ 培养室中发菌，培养室要求通风良好，能遮光，一般经 20~25 天的培养，菌丝可长满袋。

（3）出耳期管理。在适温、适湿条件下，接种后 29~33 天即可长耳。当子实体长至 4cm×4cm 左右时，应将塑料套环适当升高，使子实体在静风、多氧、适温、适湿的稳定环境里发育长大。当子实体长至 6~8cm 时，取去棉塞和套环，将袋口拉直，每天向空间、地面喷水 2~3 次，使室内空气相对湿度达 90%，并开门窗加大通风量，结合增加光照，促使转色，光线照射不到的菌袋，应及时更换位置。当子实体逐渐转色成浅黄或加深为橙红色时，把上部袋口剪一直线至料面，然后将袋口向下翻脱至料面处，使整个子实体接触自然空气，加深色泽。

309. 金耳的病虫害如何防治？

金耳在栽培过程中，易受绿色木霉、青霉、曲霉等杂菌的污染，特别是使用带菌或菌龄过长的菌种，更容易出现成批的杂菌污染，甚至全部报废。因此，接种时要把好菌种质量关，原种的菌龄不宜超过 1.5 个月。发菌初期温度要控制为 22~25℃，空气相对湿度保持 60% 左右；原基形成阶段，相对湿度提高至 80%，增加通风次数；出耳阶段，湿度稳定为 85%~90%，湿度过大，杂菌会迅速蔓延。

310. 金耳如何采收加工？

袋栽的一般接种后 55~70 天即可采收。采收过早影响产量，采收过迟，子实体过分成熟容易变成黑褐色而腐烂，干品表面皱纹不明显，甚至成一黏团，失去商品价值。适时采收的标准是：子实体充分展开成脑状，色泽鲜艳，橙黄或橙红色，以手触及时有弹性，表面有白霜状孢子出现即可采收。采收时用较薄锋利的小刀子贴耳基处，将整朵子实体割下，保留部分耳基，再将翻脱的袋口向上拉直，照常排放，然后用竹片拱起，覆盖上薄膜保温保湿，经 15

天左右，又可采一批再生耳。

采收的子实体，通常用炭火烘焙或脱水机烘干成干品，可切片或整朵（朵小的）烘干，初烘时温度要控制为 38~45℃，使脱水均匀，温度超过 65℃，易使金耳变色或烘焦。烘干后的干品，应用不漏气的塑料袋或铁箱密封贮藏。

第二十二节　竹　荪

✎ 311. 什么是竹荪？

竹荪又名竹参、竹蕈、竹笙、竹松、网纱菌、僧笠蕈等，品种包括长裙竹荪、短裙竹荪、红托竹荪、棘托竹荪、黄裙竹荪、朱红竹笋和皱盖竹荪。其自然生长于竹林下腐殖土中，主要分布在我国江西、福建、云南、贵州、安徽、江苏、浙江、广西、海南等地。竹荪最早记载于唐代段成式的《酉阳杂俎》，在中国被认知有一千多年的历史。竹荪作为御用贡品，最早记录于清朝山东曲阜孔府《进贡册》，孔府以"宫廷贡品"进献，作为顶级食材，广受赞誉，名列山珍佳肴，被誉为"真菌皇后"。

✎ 312. 竹荪的营养价值如何？

竹荪不但味道鲜美，而且是一种食药兼用的名贵真菌，其香甜浓郁、风味独特、营养丰富，富含多种氨基酸、蛋白质、维生素、多糖等多种生物活性物质，具有良好的保健和药用价值，有抗氧化、抗肿瘤、抗疲劳、降血脂、调节免疫力等作用。可以润肺止咳、补气养阴、清热利湿，还可以治疗慢性气管炎、降低血压、减少胆固醇、延缓衰老、减少腹壁脂肪、保护酒精肝损伤、缓解炎症等功效。其真菌活性功能是开发药品、保健品、化妆品、天然防腐剂的备选材料之一。目前，人们对竹荪的营养价值及药用价值越来越重视，对竹荪的需求也日渐增加，因此，竹荪的高产栽培技术就显得尤为重要。

✎ 313. 竹荪生长发育条件有哪些？

（1）营养。竹荪是土壤腐生型真菌，对营养要求不苛刻，栽培原料广泛，在竹屑、阔叶杂木屑、玉米芯、作物秸秆等多种农林废弃物中均能生长。

（2）温度。菌丝在 5~30℃均能生长，最佳生长温度 15~25℃，子实体发育最佳温度 22~25℃。

（3）湿度。竹荪怕旱喜湿，培养料适宜的含水量为 60%~70%。出菇期，田间小气候空气相对湿度需要维持在 85%~90%。

(4) 光照。菌丝在阴暗无光环境中生长,出菇期需要在弱散射光下生长。

(5) 酸碱度。适宜在中性或微酸性环境中生长,菌丝生长阶段培养基 pH 值以 6.0~7.0 为宜,出菇阶段培养料 pH 值以 5.5~6.5 为宜。

(6) 空气。竹荪是好氧型真菌,喜欢氧气充足的生长环境。

314. 竹荪种植的季节是什么时候?

竹荪是中温偏高温型菇种,适合林下栽培。山东地区竹荪一般 1—3 月制种,4—5 月发酵培养料,5 月初播种,6—8 月进入出菇管理。

315. 竹荪人工栽培技术要点有哪些?

(1) 栽培品种的选择。竹荪栽培种类以长裙竹荪、短裙竹荪、红托竹荪、棘托竹荪为主,应选择种性稳定符合当地栽培条件的优良品种。栽培菌种要求菌龄短,菌丝生长粗壮,洁白浓密、无污染。

(2) 栽培场地的选择。应选择土壤肥沃、排灌方便、远离污染工厂和畜禽养殖场,隔年无种植竹荪或其他食用菌的场地为佳。

(3) 原材料选择。竹荪栽培主要选用干阔叶木屑、竹屑、谷壳、麦麸、玉米粉、豆饼肥、尿素、复合肥、石膏粉等。稻草或其他作物秸秆作为覆盖物使用。

(4) 栽培原料及配方。竹荪栽培原料来源广泛,可用竹梢、竹枝、竹叶、树枝、玉米秸秆、麦秆、稻草等。常用配方为:干木屑(竹屑)5 000kg,谷壳 500kg,麦麸 50kg,玉米粉 15kg,豆饼肥 25kg,尿素 30kg,石膏粉 50kg,复合肥 25kg,覆盖用稻草 1 000kg。

(5) 培养料建堆发酵的方法。一般选择在播种前 30~35 天建堆发酵。其方法为先将木屑(竹屑)、谷壳、尿素加入水充分搅拌均匀,建堆高 1.2m,宽度 1.2~1.5m,长度不限,间距 20~30cm,打通气孔后覆膜发酵,待温度升至 50~55℃后保持 1~2 天翻堆 1 次,翻堆 4~5 次,发酵 20~25 天后,将麦麸、玉米粉、豆饼粉、复合肥干拌后混入发酵料中,并调整培养料含水量 55%左右,充分搅拌均匀,按上述方法继续覆膜发酵 5~10 天,中间再翻堆 1~2 次。发酵好的培养料出现大量白色放线菌即为发酵成功。注意:如果培养料有刺鼻氨味或异味,需要推迟 2~3 天,待异味散去即可播种,播种前需要调整 pH 值为 6.0~7.0,并补足水分至 55%左右。

(6) 播种。播种选择晴好天气或多云天气播种,菌床规格宽 40~60cm,

高 25~30cm，呈龟背形，长度依据场地而定，将菌种消毒脱袋后掰成直径 3~5cm 大小的菌块，间距 15~20cm。将菌种深播于畦床中，深度 2~3cm 即可，菌种用量每亩 350~400kg，播完种后将基料覆盖压实。

（7）覆土、整畦、覆盖稻草。结合制备排水沟，使用栽培畦床两侧土壤进行覆土，畦床两侧覆土厚度 15~20cm，畦床顶部厚度 5~10cm，整个覆土呈龟背形，覆土完成后间距 5~10cm，打直径 5cm 左右的透气孔。将稻草用水浸湿、提前发酵 10~15 天，覆盖时抖乱、均匀地覆盖在整个畦床面上，厚度 5~7cm。

（8）发菌期管理。发菌期间注意防冻、防雨、防涝、防干旱和高温等，及时通过覆膜或搭建小拱棚进行保温防雨，通过开排水沟及时进行排涝作业，通过喷水增加覆盖物和覆土含水量，降低培养温度，避免极端天气带来的影响。并积极喷施杀虫剂防控，防止菇蚊和螨虫等害虫暴发。

（9）出菇管理。温度 20℃ 以上，当竹荪菌床形成大量菌索，菌索末端原基开始形成后需要搭荫棚并加盖遮阴网，形成七分阴三分阳效果。竹荪喜阴湿怕旱，加强培养料和覆土水分管理是出菇产量高低的关键。在此期间需保持培养料 65%~70% 的含水量，田间小气候空气相对湿度控制为 85%~90%。

（10）采收。竹荪形成竹荪蛋后密切注意长势，竹荪破壳撒裙多发生在清晨，撒裙后要及时采收，否则会萎蔫、自溶。采收时用拇指和中指旋转切断菌索采下，同时防止泥土和竹荪菌盖褐青色黏液污染菌柄和菌裙，使产品质量受到影响。

（11）鲜销、干制与储藏。采收后立即分级包装，预冷后密封装箱销售。干制品需要采收后使用烘箱，按照排湿定型和烘干定色的要求进行干制处理，注意：排湿定型温度控制为 65~70℃，烘干定色温度稳定为 55~60℃。竹荪保藏短期应置于密闭、无光、干燥、阴冷的条件下储存，置于 2~4℃ 的冷库可以长期保藏。保藏不当或过久会散失香气，回潮变色，影响商品性状。

第二十三节　绣球菌

316. 什么是绣球菌？

绣球菌别名绣球蕈、对花菌、干巴菌、椰菜菌、蜂窝菌等，因形似绣球而得名，是一种珍贵的野生菇菌，自然分布于我国东北、西南等地，在欧洲、大洋洲和美洲也有发现。

317. 绣球菌的营养价值与开发前景如何？

绣球菇味道鲜美、营养丰富，据测定，每100g绣球菌干品中含蛋白质15.58g，脂肪7.95g，还原糖48.7g，甘露醇12.93g，聚糖1.72g，海藻糖7.41g，灰分4.49g；还含有维生素B_1、维生素B_2及维生素C等成分。灰分中的矿质元素高于一般菇菌。绣球菌肉质脆嫩，香味宜人，风味独特，口感佳美，被国内外美食家公认为"菌中珍品"及野生珍稀菇菌。

绣球菌自20世纪80年代以来，国内外不少科研单位进行了人工驯化栽培；90年代日本首获成功，并进入商业化生产。而后韩国也成为世界第二个绣球菌生产国家。国内市场其货甚少，满足不了人们的需求，因此，极具开发前景。

318. 绣球菌的形态特征如何？

绣球菌子实体中等至中等偏大，菌肉由一个粗壮的柄上发出许多分枝，枝端部形成无数曲折的瓣片，形似绣球，直径10~35cm，浅白色至淡黄色。瓣片似银杏叶状，薄而边缘弯曲不平，干后色深，质硬而脆。子实层生瓣片上。

319. 我国绣球菌栽培及分布情况如何？

绣球菌是一种珍稀食用菌。目前，除日本、韩国外，我国是世界上成功实现绣球菌人工栽培的第三个国家。近年来，四川、福建、上海、山东、吉林、浙江等地先后进行栽培试验研究，取得了突破性进展，目前，已经进入商业化生产。

320. 绣球菌生长对环境条件有何要求？

绣球菌菌丝生长的适宜温度为25℃左右，子实体发育的适宜温度为18~20℃。菌丝生长的相对湿度控制为60%~65%；子实体生长对湿度的要求较高，环境湿度应保持为80%~90%，湿度过低，原基不宜形成，形成的子实体容易干死，湿度过高，原基或子实体容易发生生理性病害或烂掉。菌丝生长需要适宜弱光、暗光。子实体生长阶段需要有光线诱导刺激。实践证明，光照强度控制为500~800Lx，能维持绣球菌子实体的正常发育。绣球菌在适宜偏酸性条件下生长，栽培料的pH值在3.5~7范围内时，菌丝可以正常生长，最适合的pH值为4~5，碱性环境下菌丝生长受阻，pH值低于3.5时菌丝停止生长甚至死亡，所以合理的pH值是绣球菌优质高效栽培的关键技术。

321. 绣球菌对栽培设施有何要求？

绣球菌作为一种珍稀食用菌，在我国已进入商业化栽培，栽培模式多采用工厂化仿野生栽培。栽培场所应选在交通便利、水源充足、排水方便、环境卫生、无污染源的地方。厂房布置分为原料储存区、配料搅拌区、装袋接种区、接种培养间、出菇区、烘干加工区等。菌种培养和出菇区要配备安装温度、湿度、通风、光照设施，满足拟绣球菌的自然生长环境。

322. 绣球菌对栽培投入品有何要求？

主辅料主要有棉籽壳、木屑、玉米芯、麦麸、石膏等。主辅料要求新鲜干燥、无霉变、无杂、无虫卵，防止有毒有害物质混入。用水应符合生活饮用水卫生标准要求，喷水中不得加入药剂、肥料或成分不明的物质。

323. 绣球菌栽培常见配方有哪些？

绣球菌是一种木腐性珍稀菌类，根据当地原料资源，人工驯化栽培应选择富含木质素和纤维素的原料。一般以针叶树木屑、作物秸秆、棉籽壳等为主料，辅料包括麦麸、玉米粉、石膏等。常用配方参考如下。

配方1：针叶树木屑57%，棉籽壳25%，麦麸15%，生石灰2%，石膏粉1%。料水比1：1.3。

配方2：针叶树木屑40%，黄豆秸或棉花秸秆20%，玉米芯20%，麦麸16%，玉米粉3%，磷酸二氢钾0.5%，碳酸钙分0.5%。料水比1：1.3。

324. 绣球菌栽培料不同含水量对发菌速度和产量有何影响？

不同含水量对绣球菌发菌速度及后期产量有显著影响。应严格控制培养料的含水量为65%左右，含水量越高，培养料透气性不佳，菌丝呼吸受阻，发菌速度降低且容易产生菌皮，菌丝尚未发满时开始出菇。含水量过低则容易产生菌丝稀疏、徒长，污染率增加，最后影响产量。

325. 装袋规格对绣球菌产量有何影响？

在绣球菌栽培中，使用的菌袋规格及装料量是影响绣球菌生物转化率的关键技术。实践证明，菌袋的规格一般采用18cm×36cm×0.005cm高压聚乙烯或聚丙烯菌袋，装干料在 450g 左右为宜，能充分发挥原料利用率，提高生物转化率。

 326. 绣球菌栽培对装袋灭菌有哪些技术要求？

装袋灭菌一般可采用扁宽 16~18cm 的聚丙烯折底袋，每袋装料（以干料计）400~500g；套环封口；高压灭菌以 0.15MPa 压力 2 小时即可；常压灭菌时可在圆汽后维持 10~12 小时；冷却至 40~50℃ 时取出；冷却至室温后接种。

 327. 绣球菌的栽培模式有哪些？

绣球菌出菇方式分为脱袋覆土出菇和菌床摆袋敞口出菇。

（1）脱袋覆土出菇模式。菌丝发满菌袋后，挑取菌丝浓白、长势健壮、菌龄一致的菌袋，用刀片小心划开菌包薄膜，脱去菌袋，均匀横排在菌床上，然后覆土 2~3cm，覆土材料要事先灭菌，先将大土粒覆盖菌床表面，再用小土粒填缝，盖严整个菌面，浇透水。覆土后保持表层湿润，一般 15 天左右可出现珊瑚状原基，并分化成子实体。出菇期棚内温度控制为 18~20℃，空气相对湿度 80%~90%。随着子实体成长，喷水量相对增加；夏季气温高时，空中喷雾状水降温。雨天湿度偏高时，子实体片状对水分吸附力极强，出现膨胀，呈透明水晶状，易腐烂，应选择早、晚或中午通风，降低湿度。

（2）菌床摆袋敞口出菇模式。菌丝发满菌袋后，挑取菌丝浓白、长势健壮、菌龄一致的菌袋，开口出菇。把菌袋竖直排放菌床上，打开袋口扎绳，使用喷淋系统喷雾状水，使空气相对湿度达 85%，15 天左右袋口部出现原基时，把袋口薄膜拉直，袋口稍松开些，以增加氧气透进袋内。原基分化逐步形成子实体时，将袋口薄膜反卷，让子实体自由伸展。出菇棚温度和湿度及通风要求同覆土出菇管理。

328. 绣球菌的出菇管理有哪些注意事项？

（1）将菌袋立排于出菇架，提高棚（室）温至 22℃ 左右，保持空气湿度 85% 左右，光照强度 300~500Lx，并采取散射光照射，以刺激菌袋尽快现出原基。

（2）根据原基发生位置，确定开袋的方式或位置，原基形成后应将环境温度保持为 16~20℃，空气相对湿度为 85%~95%，600~1 000Lx 的散射光，及时补充新鲜的空气，排除二氧化碳。

（3）在环境条件适宜的情况下，25~30 天后子实体发育八成熟时，及时采摘，自然晾干或烘干保存。

 329. 绣球菌商业化栽培的方式是什么？

目前绣球菌商业化栽培多采用工厂化栽培模式，通过控制环境条件，实现周年化栽培。栽培方式为袋栽和瓶栽两种。从制袋接种到采收需要 150~180 天。

 330. 绣球菌怎么进行原基诱导？

当绣球菌菌丝满袋（瓶）后，将栽培袋（瓶）移入出菇房，在温度 20℃左右、空气相对湿度 80%、光照 500~800Lx 条件下进行原基诱导。约 30 天后，可见袋（瓶）口菌丝扭结，有原基块出现，即完成原基诱导。

 331. 绣球菌的采摘与加工应注意哪些事项？

绣球菌从菌袋接种发菌培养，到出菇采收，一般需要 90~100 天。其中原基形成到子实体成熟，一般需要 10~15 天。当绣球菌出现叶片展开、边缘呈现大波浪状，背面略现白色"绒毛"，或者是子实体叶片颜色由乳白色、惨白色转向淡黄色时即可进行采收。

 332. 绣球菌菌种的质量检测标准及制作要求如何？

菌种质量是栽培成功与否的关键技术，直接影响菌丝的生长速度、长势强弱和产量高低。优良的母种菌丝体洁白，健壮浓密均匀、绒毛状、生长整齐，无色素产生，菌丝扭结，有爬壁现象，显微镜下有锁状联合，普通 PDA 培养基即可生产。优良的原种或栽培种菌丝浓密洁白，粗壮有活力，边缘整齐，上下均匀一致，不吐黄水，无菌皮、原基和子实体等现象。

 333. 防治绣球菌病虫害应遵循什么原则？

病虫害防控要遵循"预防为主、综合防控"的原则，科学选择不同作用机制的药剂轮换使用。在食用菌具体生产中，应采取综合措施，防控有害生物，减少对农药使用的依赖，促进食用菌产业安全、绿色发展。

334. 绣球菌栽培结束后病菇病料的清除与消毒应注意哪些事项？

对发病部位菌床及时采取药物处理及隔离措施，防止病菇病菌的再侵染。

采菇后彻底清理床面，将病菇、死菇、枯蕾、腐烂菇、病料、病土及时挖除，移出棚外，集中深埋处理。勿将病菇、病料、病土散乱堆放，保护栽培环境不受病菌二次传播侵染。进出过发病菇棚的管理人员再进入健康菇棚，要更换衣鞋，接触过病菇、病料、病土的手或工具，清洗干净，并用 0.25% 新洁尔灭溶液或 75% 乙醇擦拭消毒。

335. 绣球菌商业化栽培对产地环境和栽培设施有何要求？

产地环境应选择生态环境良好、水质优良、无有毒有害污染源；生产区与生活区应严格分离；生产区的堆料场、制种、发酵、发菌及出菇区、仓库区应合理分区。每季栽培结束后及时清理发菌料和废土，对出菇环境严格消毒，并开展菌糠生物质资源的无害化循环利用。栽培设施应建在地势平坦、通风良好、便于排水的地方。设施内环境干净卫生，温、湿、气、光可控，门窗安装缓冲间及防虫网。

第二十四节　灵　芝

336. 什么是灵芝？

灵芝又称红芝、赤芝，赤灵芝是目前灵芝人工栽培的主要种类。灵芝自古以来就被认为是吉祥、富贵、美好、长寿的象征，有"灵芝仙草"之美誉，《神农本草经》中将灵芝列为上品药物，认为"久食，轻身不老，延年神仙"。该书根据灵芝类的形态和颜色将灵芝分为紫芝、赤芝、青芝、黄芝、白芝、黑芝 6 种，并描述了它们的产地、性味、功用等。明朝李时珍编著的《本草纲目》一书对灵芝功效的表述更为详细，书中记载灵芝"味苦、性平、无毒，益心气，入心充血，助心充脉，安神，益肺气。补中，增智慧，好颜色，利关节，活血，坚筋骨，祛痰，健胃"。由此说明古代医学家通过临床实践早已认识到灵芝的药用价值。

20 世纪 50 年代末，由于灵芝人工栽培成功，随后又发展了深层发酵培养灵芝菌丝体和发酵液技术，灵芝的开发应用日益广泛，灵芝也逐渐揭开了其神秘面纱。现代医学证明，灵芝的主要有效成分包括有机锗（其含量是人参的 4~6 倍）和灵芝多糖、多肽三萜等数十种生化成分，能够调节、增强人体免疫力，对神经衰弱、风湿性关节炎、冠心病、高血压、肝炎、糖尿病、肿瘤等有良好的协同治疗作用。世界上灵芝的主要消费国家和地区有中国、韩国、日本、美国、东南亚国家，中国香港、台湾等地亦喜食灵芝。灵芝产品日趋成熟，均形成了不同的特点和产品风格，制成品大致分为：灵芝保健饮品类、灵芝药品类、灵芝食品类、灵芝美容品类、灵芝观赏品类。

337. 灵芝生长发育所需的营养条件有哪些？

灵芝属于木腐生菌，在自然环境中通常生长在树桩和朽木之上，活的树上有时亦有生长。灵芝能很好地分解和利用木材中的各种物质。在人工栽培生产中，主要以阔叶树枝丫材、木屑、棉籽壳、玉米芯、木糖醇渣等为主料，再添加麦麸、玉米粉、米糠、豆粕、棉籽粕等辅料。辅料添加一定要适量，比例过高会增加污染机会，且会造成营养过剩，抑制子实体分化。一般情况下，碳与氮在基质中的最佳含量比为 20∶1。

（1）碳源。碳源主要是葡萄糖类、有机酸、果胶、淀粉、纤维素、半纤维素及木质素等含碳较多的有机化合物。灵芝对朽木中的纤维素、半纤维素的利用差，如果无其他条件影响，灵芝的菌丝只能利用木质素及其小分子的碳水化合物。在人工栽培灵芝时，可利用本地生长的各种阔叶树木屑或作物秸秆、麦麸、米糠、糖渣及木材加工厂的废料为碳源。

（2）氮源。菌丝可以从基质中直接吸收氨基酸、铵盐等含氮的小分子化合物。在朽木中含有较多的蛋白质和多肽类，但菌丝不能直接吸收它们，必须先经蛋白酶类水解成氨基酸后才能被吸收。除氨基酸之外，能够被菌丝直接吸收的含氮化合物还有胺、尿素等。菌丝也可吸收利用基质中的无机氮化合物，如硝酸盐、亚硝酸盐及铵盐。菌丝对氮源的吸收和代谢受许多条件影响。

338. 灵芝生长发育所需的环境条件有哪些？

灵芝菌丝体及子实体生长期的生理活动除与营养条件有关之外，还受各种外界因素的影响，如温度、水分、空气、光线、酸碱度等。

（1）温度。灵芝菌丝生长的温度范围为 5~35℃，最适 24~28℃，低于15℃，菌丝生长缓慢；菌丝耐低温能力较强，在 0℃时，菌丝不能继续生长，但可以维持基本的最低生理活动，待气温回升到适宜条件下又能正常生长。菌丝高于 33℃ 则基本停止生长，高于 38℃ 菌丝死亡。

灵芝是中高温型、恒温出芝的真菌，子实体生长对温度的要求与菌丝体相差不大。子实体在 10~30℃ 范围内均能分化，在此温度范围内，温度偏低子实体生长较慢，但是质地紧密、色泽光亮，反之，子实体生长较快，但是质地、色泽也较差。灵芝子实体生长发育的最适温度是 25~28℃。

（2）水分。

①对培养基含水量的要求：灵芝菌丝生长时要求培养基的含水量在一般情况下为65%，但随基质的物理性状不同而有所不同，木屑培养基含水量以60%为宜，棉籽壳培养基以65%左右为宜，甘蔗渣培养基以70%~72%为宜。如果培养基含水量低于30%，菌丝则处于休眠状态，停止生长或分化；如含水量高于80%，由于基质中氧气含量过低，也会导致菌丝休眠，或者导致培养料腐烂。

②对空气相对湿度的要求：菌丝生长阶段所需的水分皆来自培养基，故只要空气中相对湿度维持在70%左右，就能保证基质中的水分不因空气过干而蒸发。子实体生长期间空气相对湿度以80%~85%为宜，低于60%，基质中水分散失，由于基质中水分及菌丝细胞水分不足，菌丝缺水，向子实体输送养分受到影响，子实体生长缓慢甚至停止生长；空气湿度高于95%时，由于空气中的氧气不足，呼吸作用受阻，引起菌丝体和子实体生长窒息，引起菌丝自溶和子实体的腐烂、死亡。

（3）氧气与二氧化碳。灵芝不同生长阶段对氧气和二氧化碳的需求不同。自然条件下，空气中二氧化碳的浓度为0.03%，菌丝可正常生长。当二氧化碳浓度稍加提高，则可促进菌丝的生长。试验表明，在温度条件不变的情况下，当二氧化碳浓度提高到0.1%~1.0%时，菌丝生长的速度可提高2~3倍。但在温度高、湿度较大的条件下，二氧化碳浓度偏高会抑制菌丝生长，甚至会导致培养料腐烂变质。当菌丝从营养阶段转向生殖阶段时，如二氧化碳浓度稍加提高，可加速分化，但高于0.1%时，则抑制分化。子实体生长发育阶段对二氧化碳浓度非常敏感，以自然通风、不超过0.03%为宜，浓度超过0.1%，菌盖不发育；浓度在0.1%~1.0%，子实体长成分枝极多的鹿角状，长时间在高浓度二氧化碳状态下，形成鸡冠状或脑状的畸形芝。因此，人工栽培灵芝应根据栽培目的适时通风换气。

（4）酸碱度。灵芝菌丝体喜弱酸环境，菌丝在pH值3~8均能生长，但以pH值5.5~6.5范围内，菌丝生长最快。当pH值8时，菌丝生长速度减慢，pH值大于9时，菌丝将停止生长。实际生产中，配料中加入1%~2%的石膏粉或石灰粉，调高培养基pH值8~9，灭菌后，会自然降至7左右。另外，子实体生长期，也需要中性或弱碱性条件。

（5）光照。灵芝的菌丝体可以在弱光或无光条件下生长，生长速度随光照强度的增加而减慢；子实体生长发育不可缺少光照，光能诱导子实体的形成。子实体生长需1 000Lx以上的光照，在黑暗或弱光条件下，只长柄，不形成菌盖。当光照强度达到1 500Lx以上时，菌蕾生长速度快，并能形成正常的菌盖。菌柄和菌盖的生长有明显的趋光性,幼嫩子实体向光性尤其敏感,单方向的光能使菌柄过长且弯曲。因此人工培养时,要获得生长迅速、正常形态的子实体,必须有充分、均匀的光照。

(6)其他影响因素。灵芝发育过程中,由于菌丝体生理代谢作用,菌丝体在对培养料分解利用的同时,对生活环境(土壤、水、空气、培养料等)中的元素具有一定的吸附转化和富集作用,这些元素中有些对人体是有益的,如锗元素,而大多数是对人体有害的,如铅、铜、砷等重金属元素。从优质安全的角度考虑,人工栽培灵芝应选用天然的有机基质作原料,栽培场地的选择要远离污染源的环境;在栽培环境中不能添加或喷施化学农药和不明成分的肥料添加剂,否则会显著影响成品灵芝的内在质量和商品价值。

339. 灵芝的代料栽培技术是什么?

代料栽培就是用人工配制的培养料代替木材培养灵芝子实体;段木栽培就是将树材锯成一定长短的段木,然后用来栽培灵芝。代料栽培灵芝,由于培养料中营养成分丰富,比木材质地疏松,透气性好,所以灵芝菌丝及子实体生长快,生长周期短,从接种到采收仅3个月,灵芝产量高,100kg干料可产干灵芝8~12kg,但芝体菌盖较薄,质地较疏松;段木栽培灵芝,菌丝及子实体生长速度慢,一次接种可收获2~3年,灵芝产量较低,但灵芝质地坚厚,有光泽,灵芝的售价也较高。

340. 灵芝代料栽培的栽培季节和场所是什么?

在自然条件下,灵芝常生长在雨量适宜、气候温暖、疏密相间的阔叶林中,见于伐木的近地表处或树根上。每年夏秋生长,秋末终止,翌年春暖时再新生出芝。因此,根据灵芝生长发育特点,代料栽培应选择适宜的季节和场所。

(1)栽培季节。灵芝喜高温,其菌丝生长和子实体的形成都需要较高的温度,出芝的适宜温度为25~28℃。根据北方气候特点,4、5月气温回升,平均温度在20℃左右,接种后的菌丝经28~35天发好,6—9月正是灵芝子实体生长最适宜季节。因此,灵芝袋料栽培,适宜季节应是2—3月制备菌种,4—5月投料栽培发菌,6—9月是灵芝生长和收获季节,塑料大棚升温、控温条件好,则可延长栽培时间。段木栽培,北方地区2月准备段木,3月接种,7月中旬采完第一批灵芝。

(2)栽培场所。灵芝栽培有室内栽培和野外荫棚栽培等模式。室内栽培灵芝可搭冬暖大棚、拱棚，也可利用空闲的蔬菜大棚、蘑菇房或旧房、厂房等。由于室内环境易控制，栽培的灵芝生长快、虫害少、产量高；室外栽培是仿照野生环境，虽然不如室内方便，但通风好，光线足，生长的子实体肉厚、质坚、品质好。无论室内还是室外栽培，栽培场所必须保证清洁卫生，近水源，通风、光照良好，保温保湿性能好，有排水条件等。

341. 灵芝袋栽法的栽培要点有哪些？

目前，我国的灵芝生产主要方式为塑料袋栽培。它具有投资少、产量高、成本低、用工省与便于机械化操作等优点。

（1）培养料配方。棉籽壳 38%，阔叶树木屑 25%，玉米芯 25%，麦麸 10%，石灰粉 1%，石膏粉 1%，含水量控制为 63%~65%。

（2）装袋。配制好的料堆闷 1~2 小时后及时装袋，及时灭菌，尤其在高温季节，当天拌好的培养料必须当天灭菌。选厚 0.03~0.04cm 低压聚乙烯或厚 0.04~0.05cm 聚丙烯，袋宽 16~17cm，长 35cm。一般每袋装干料 300~500g。有条件的，最好使用装袋机装料。装料前先将袋子的一端用绳扎紧袋口，装料时要使袋内培养料松紧一致，装好袋后，把另一端袋口扎紧即可。小心操作，防止摩擦刺破料袋。

（3）灭菌。常压（100℃）条件下灭菌 10 小时。上火要猛，最好在 4 小时内达到 100℃。高压灭菌时要求压力 0.14MPa、2~2.5 小时。

（4）接种。料袋冷却到 30℃ 以下时在接种室或接种箱内进行接种。接种时，由二人配合操作，一人负责打开和扎紧袋口，一人负责接入菌种。接种时动作力求迅速，以减少操作过程中杂菌污染的机会。一般 750mL 菌种瓶，棉籽壳料每瓶可接种 20~25 袋，麦粒料每瓶可接 40~50 袋。

（5）发菌管理。接种后的菌袋，移入消毒好的培养室内，分层排放，袋口朝外，一般每排放 6~8 层高，排架间留人行道。在菌丝封满料面之前，培养室温度以 21~23℃ 为佳。菌丝封料后温度控制为 22~25℃，不能超过 28℃。空气相对湿度 65%，如果湿度过大需开门通风，或地面撒些干石灰以降低湿度。每隔 3~4 天菌袋上下调动 1 次，以保持每袋的料温平衡，检查并防治杂菌污染。当菌丝发满 1/4 时，就应增加袋内外空气交换，促进菌丝生长，具体措施有两种：一是在菌丝生长前缘菌丝生长处用消毒细针轻扎 7~8 个孔；二是将袋口绳子自然松开。灵芝菌丝生长不需光照，强光照射会降低菌丝生长速度，使子实体提早形成。在上述条件下，经过 25~30 天，菌丝便可满袋，随后进入出芝管理。

（6）出芝管理。袋栽灵芝出芝模式有自然出芝和覆土出芝两种，自然出芝现在主要采用的是墙式两头出芝。

（7）采收。子实体成熟的标准是灵芝菌盖不再增大，盖面色泽同菌柄，芝盖边缘白色生长圈消失转为棕褐色，并有大量孢子吸附在芝盖上时即可采收。采收时可用果树剪或手将芝体从柄基部剪下或摘下。剪下芝体后的剩余菌柄亦应摘除，否则很快从老菌柄上方长出朵形很小或畸形灵芝。第一批子实体采收后不久，就长出第二批灵芝子实体。

（8）孢子粉收集。孢子粉的收集一般采用"套袋"法。当菌盖背面隐约可见咖啡色孢子时，即可套纸袋，袋大小一般为36cm×26cm，套袋要适时，过早则灵芝子实体伸出袋外形成畸形灵芝，过迟则会影响孢子粉的收集。套袋时从上往下套，动作要轻，并用橡皮筋将袋子固定在瓶或袋上，以防孢子散失。套袋后的管理以保湿为主，并注意通风换气。保持相对湿度在90%，每天通风至少2小时，并昼夜开气窗，手触纸袋有潮湿感，走进棚内有阴凉感。如遇高温天气，应注意通风降温降湿。收集孢子时先拆开纸袋，用刷子轻轻将纸袋上的孢子刷入盒内，然后将子实体摘下。采收后的孢子要放在盘上及时烘干，然后装入塑料袋中密封保存或放在干燥器内，注意防潮、防霉。

342. 灵芝的短段木熟料栽培技术是什么？

段木栽培就是将树材锯成一定长短的段木用来栽培灵芝。段木熟料栽培灵芝，是将段木进行灭菌后再接种、培养、长出灵芝。这种方法灵芝产量较低，但灵芝的质地坚硬、厚、有光泽，灵芝酸含量比代料栽培高，灵芝的售价也较高。一次接种栽培可收获2~3年。

343. 灵芝短段木栽培的栽培季节与树种如何选择？

（1）季节。北方生产的季节一般安排在3月上旬至4月上旬，以上季节栽培均可在当年收获2~3批子实体。接种季节推后较晚，出芝时温度过低，影响当年产量或推迟出芝时间。

（2）树种的选择。段木栽培灵芝，可根据当地林业资源选择硬质阔叶树种为好，如栎、槭、桦、槐等材质较坚硬的段木均可栽培灵芝，其中以壳斗科的栲、苦槠、甜槠、米槠，杜英科的山橄榄，金缕梅科的枫香，蔷薇科的山桃为好。松、杉、柏等针叶树和樟、桉等含抑菌物质，不能用于栽培灵芝。

（3）段木处理。段木砍伐与截段段木的砍伐要求在灵芝栽培前15天左右或冬季"三九"时进行，接种前1周左右截段，树木胸径大小以8~20cm为宜，段木长12~15cm。大口径段木截段可略短些，小口径原木可略长些。截段时要求长短一致，断面平整，并用利刀削去段木身上的毛刺和枝丫突起，以免操作时刺破塑料袋。段木含水量要求 38%～45%，以断面中部有 1～2cm 裂痕为宜。

344. 灵芝段木熟料栽培要点有哪些?

（1）装袋。装段木的塑料袋有两种：一种是一袋装一根段木的窄塑料袋，袋长一般为 35cm 左右。另一种是一袋装一捆段木的宽塑料袋，一般直径 40～60cm，袋长 40～50cm。段木按直径大小分别用铁丝捆扎，每捆大小依塑料袋规格而定，捆扎后，段木断面要平整、紧实，如段木过干，每袋装入 500mL 清水，装入塑料袋后扎紧袋口进行灭菌。

（2）灭菌。装袋后的段木以堆叠式排放在灭菌锅内，常压灭菌 100℃ 保持 10～12 小时。高压灭菌 0.15MPa 保持 2.5 小时，高压灭菌时进气和放气速度要缓慢，灭菌结束，不要排气，让其自然降压。

（3）接种。接种前应预先把接种室清洗干净，并进行一次熏蒸灭菌消毒，按每平方米段木用种量 80～100 瓶，接种前先将菌种在无菌条件下挖去表层老化菌皮，用 75% 酒精擦拭瓶口后用消毒过的塑料薄膜盖好，将菌种搬入接种室。接种时 3 人一组，一个接种，一个开闭袋口，一个搬运段木。接种后袋口塞入少许消毒棉用线扎紧，以利透气。袋内有积水，应排掉积水，袋子破损处用胶布封口。接种用菌种菌龄 30～35 天，接种时要求将菌种铺满段木断面，为加速灵芝菌丝生长，接种量可适当增大。

（4）堆棒。发菌接种后的段木及时搬入通风干燥的培养室或遮阴、遮雨、保温、光线较暗的室外培养场地，以"品"字形排放，堆叠 3～5 层。保持培养场地温度 20～25℃，空气湿度 65% 左右，黑暗或弱光。培养期间每隔 6～7 天翻堆 1 次，使其发菌均匀。

温度 25℃ 以上，接种后 2～3 天菌丝开始萌发，1 周内菌丝联结成片，随着菌丝生长旺盛，呼吸量加大，菌袋内开始产生水珠，菌丝难以深入到菌材内部，菌材表面就会形成皮状菌膜，皮状菌膜多，会降低产量。温度低于 25℃，菌丝萌发、生长缓慢，但随着菌丝生长，如袋内湿度过大，也容易在段木表面形成菌皮。因此，当菌丝定植后应加强通风降湿，其方法依不同地点、不同季节、不同段木含水量、不同培养环境采取不同的相应措施，如在冬季低温培养时，可剪去菌袋双角，去水后塞上无菌棉花，造成袋内空气对流而达到去湿的目的，还可采用注射针抽出积水，然后用胶布封死扎破口等措施。段木含水量高，袋内湿度大的要通过加大通风达到去湿目的。加强通风可使段木表面干燥、抑制杂菌生长，促进菌丝向段木内部生长。一旦灵芝菌丝在段木上定植后，会在段木表面形成红褐色菌被，其他杂菌难以在段木上定植。

段木接种后 40~50 天，菌丝即可长满木段，成为菌棒。成熟的菌棒段木之间菌丝紧密连接不易掰开，木质部呈浅米黄色，表皮指压有弹性，断面有白色结晶兼部分红褐色菌膜，段木重量明显减轻。当菌棒断面出现豆粒状芝蕾时，便可安排室外埋土出芝。

（5）栽培场所选择与建造。栽培场宜选择朝向东南，地势平坦，靠近水源，排水方便，疏松沙质土壤，通气性好，pH 值 5~6。场地选定后，于晴天翻土深 20cm，去除杂草、石块，暴晒后作畦。畦宽 1.5m、长 10~15m，畦高 20~25cm，南北走向，四周设排水沟。畦上方搭遮阴棚，高 2m，采用宽幅塑料布封顶，薄膜上再用草帘遮阴，以降低亮度和辐射热。棚四周用秸秆等作墙，以保持湿度和有利通风换气。

（6）埋土与出芝管理。菌棒埋土应选择气温 15~20℃的晴天进行，切忌雨天操作。事先在整好的条畦中，挖成深 18~20cm 的地沟，沟底撒少许灭蚁粉，小心开袋取出菌棒，接种面朝上立排于畦床内，排列要平整，行距 5~7cm。排列后即覆河沙 2~3cm 厚，间隙用河沙填平。最好再撒适量火烧土，并淋少量水分，保持土壤湿润，覆一层稻草作缓冲层以防喷水时泥土溅在芝盖上。控制土内温度要保持 26~28℃，棚温 28~30℃。菌棒埋土后，13~16 天便可出现芝蕾，芝蕾露土时顶部呈白色，基部为褐色，菌柄生长到一定程度时，当通风量、温度、湿度和光照条件适宜时，菌盖正常分化。所以，在适宜温度下，出芝的管理重点是水分、通风和光照条件的控制。具体方法是：根据土质、气温、棚保湿情况，灵芝生长阶段采取适宜的喷水量。在芝蕾露土、菌盖出现前，保持棚内空气相对湿度 80%~90%，使土壤保持疏松湿润状态，土质干、子实体生长多时要多喷水，气温低、阴雨天、土质黏，少喷水或不喷水。在芝蕾刚露土，减少通风次数，促其芝蕾伸长形成芝柄，待芝柄长到 5~6cm时，在高温高湿时，要及时加大通风量，低温时，采取中午通风。当芝盖分化接近成熟时，给予偏干管理，加强通风，使畦床和菌棒的湿度偏干，而且空气相对湿度适当降低，这样可降低芝体生长速度，增加芝盖的致密度，使芝体外观匀称美观。出芝阶段，保持较强的散射光，光照度为 1 000~1 500Lx，但要避免阳光直射。

（7）采收。段木栽培灵芝，自接种到采收需 100~120 天，采收标准和采收方法同代料栽培。采收时注意不要触摸芝盖底面，以免留下痕迹。霜降后，菌木停止出芝，进入冬眠休养时期。当采完最后一批灵芝子实体时，清理畦面废物，在菌木表层覆盖厚 4~5cm 细沙土，不让菌木裸露地表，并铺一层稻草保温，覆盖时疏通水沟，排尽场地积水，待翌年清明节后，气温稳定在 15℃

以上时，清除畦面稻草，重新覆盖塑料薄膜，再按上述方法进行出芝管理。段木栽培可出芝2~3茬，每立方米段木可产灵芝干品20~25kg。

345. 灵芝的子实体嫁接技术是什么？

灵芝子实体的嫁接技术，是一种定向培育的灵芝盆景技术。方法主要有以下几点。

（1）接穗的选择。灵芝子实体具有较强的再生愈合能力。通常未分化菌盖的愈合能力优于已分化菌盖的。为此，接穗应选择粗壮、未分化菌盖的鹿角状子实体，并用消过毒的刀片沿基部平切下来，用纸包好待用。

（2）天气的选择。灵芝嫁接成活与否，与天气密切相关。其中最关键的还是空气湿度和温度。所以，嫁接时天气的选择，是子实体伤口能否快速愈合的关键。最好是在阴天或雨后初晴的傍晚进行，因为空气湿度较高（85%~95%）和温度适合（26~28℃），禁止在晴天的中午和雨天进行。

（3）嫁接技术。选菌丝密集或已发生原基的为嫁接点，先用锋利的刀片将菌皮或原基平削一刀，接穗的削口对好原基的削口，然后用湿润土将接穗固定好。如要嫁接在杂木上，也应选取菌丝发生密集的地方作嫁接点，先用利刀将树皮劈开一个口子，削成楔形的接穗插入口子中，同样用湿润土固定好。

（4）嫁接后的管理。嫁接后的灵芝在未成活前严禁喷水，一般可罩紧畦上的薄膜，促进地表湿度上升，使畦内小环境形成较高的空气湿度。3~4天后，接穗与接点上的菌丝就会扭接牢固，接穗生长点恢复生长，即算成活。若在3~4天内有不成活的接穗，可重新嫁接，只要掌握好适宜的空气湿度和温度，嫁接灵芝的成功率是很高的。接穗成活后即可按常规方法管理。

346. 灵芝盆景如何制作？

中国的灵芝文化，已深深渗透入中国的历史、古文学、民族民俗、建筑装饰、绘画艺术、营养学、中医保健等各个方面，为我们留下无穷的遐思和财富。灵芝质地坚韧，菌盖多色，小者径寸，大者径尺，如肾如心，环纹四射，神采飘逸；菌柄如漆如柱，如角如刺，虬枝盘扎，千姿百态，是制作盆景的上好材料，如再配以奇石、花草、盆盎，便可设计出栩栩如生、风格各异的灵芝盆景。

制作灵芝盆景，重要的是要立好主题，并围绕主题表现意境，通常以灵芝形态确立意境，因势象形，因形赋意，灵芝盆景表现雅致，寓意深远，并象征吉祥如意。通过不同造型，可反映出制作者的艺术修养及品位，更反映出中国灵芝文化的深厚内涵和源远流长。灵芝子实体的造型方法如下。

（1）通过容器口径大小控制芝枝稠密。若选用大口瓶，则芝枝多，成簇的灵芝似彩云缭绕。若选用小口瓶，则多呈单枝状，单个灵芝呈各种形态。

（2）控制氧气浓度。将已形成菌盖而未停止生长的灵芝，放在通风不良的环境中，菌盖下则出现增生层。从加厚的菌盖还可以长出二次菌柄，继续给予不良通气，菌柄继续增长，之后再给予良好的通风条件，二次菌柄上还可以形成菌盖，成为双层菌盖。

（3）控制二氧化碳浓度。二氧化碳浓度超过 0.1%，不易形成菌盖，此时菌柄较长且不断分枝。给瓶子套上塑料袋，外层用牛皮纸包筒，就会长出柄，呈鹿角状。

（4）控制温度。将栽培瓶放在温度 20℃ 以下，就会形成长柄、粗柄或不规则菌盖。

（5）控制光照。灵芝子实体生长有趋光性，通过控制光线的方向、强弱，能使造型多样化。通过调节光质与光的强度，也可以影响菌盖大小和菌柄粗细。

（6）通过外力控制造型。灵芝以菌盖四周及底部白色生长点的方式进行加宽、加厚生长，生长点可通过施压、切割、包扎，进行抑制与切除，从而改变不同方向生长态势。也可通过嫁接方式将生长点引入芝柄、芝盖底部等部位，进行人为调整生长点方向、生长角度，造成灵芝子实体具有多方向、多层次立体造型，或利用压、拉、牵、攀等外力作用进行人工定位。

（7）刺激灵芝生长点。不同药剂具有抑制或促进作用，如使用酒精，即出现粗柄、偏生、皱巴菌盖等不同形状；使用植物生长激素（三十烷醇）与矮壮素（多效唑）类物质，对灵芝生长亦有生理活性。

（8）品种搭配。红芝具色泽鲜红、芝盖圆正、轮纹清晰、柄长多曲等特点，为栽培首选品种；鹿角灵芝呈鹿角状、手指形，极具艺术观赏效果；紫芝、黑芝可以丰富观赏灵芝花色。通过不同处理搭配，创造出颜色与形态各异的艺术盆景。

347. 灵芝病虫害如何防治？

（1）菌丝徒长。菌丝长到一定阶段后应由浓密气生状态转入倒伏结菌阶段，若菌丝继续生长而迟迟不倒伏，长时间不出芝，此现象称菌丝徒长。

①发病原因：未及时通风或透气时间不够，畦床长期处于缺氧状态；菌丝生理活动发生紊乱而徒长；畦床所处环境相对湿度太大，气生菌丝不倒伏；菌丝没有发育成熟，过早进行覆土，使菌丝在畦床上继续旺盛徒长；培养料中含

氮比例过高，易造成菌丝徒长。

②防治措施：培养料栽培配方中含氮量适当，常用的麦麸或米糠一般不超过20%，以免菌丝徒长；菌丝体培养成熟后再进行覆土出芝；注意通风透气，降低畦床水分湿度，控制菌丝徒长；可用1%～3%的石灰水喷洒畦床，待表面稍干后再覆盖树枝等遮盖物，也可防止菌丝徒长。

（2）菌丝萎缩。菌棒覆土后迟迟不萌发或萌发后生长不良，慢慢萎缩，或头批芝产出后出现菌丝萎缩，影响产量。

①萎缩原因：畦床覆盖物太薄，进床后温度过高，发生烧菌，导致菌丝萎缩；培养料水分过高，引起菌丝自溶；喷洒多菌灵或其他药液不当，抑杀菌丝而导致萎缩；菌种质量太差，抗逆性差，经不起不良环境的刺激；畦床环境缺氧，菌丝生理活动受阻导致萎缩。

②防治措施：选用优质菌种；因水分、温度等条件引起的菌丝萎缩，可重新覆埋菌棒进行补救；注意畦床水分、温度的调节，注意通风换气；注意喷施药液，以免对菌丝产生不良影响。

（3）霉菌污染。危害灵芝的侵染性病害主要是木霉、青霉、曲霉、链孢霉等，其中以链孢霉的危害较大。

①发生原因：在通气差、高温高湿的情况下，或棉塞受潮的情况下容易发生。

②危害特征：在畦床上出现白色、黄色、红色等霉层；能重复多次侵染；危害畦床时，受害部位呈腐烂状态，菌丝消失，不出芝。霉菌侵染子实体时，灵芝被害组织出现侵蚀状病斑，大小不一，受害组织软化；发病严重时病斑扩大，并产生霉层，组织明显溃烂，如不及时采取措施，芝体可完全腐烂。

③防治措施：畦床水分适当，床面不能积水；受害部位用0.2%～0.5%的过氧乙酸涂抹或用石灰粉覆盖；受害严重的应将腐烂部位挖除，再用石灰粉覆盖，以防止霉菌再复发。搞好芝房病虫害管理，防止菌袋或畦床上的霉菌殃及芝体；长芝时要注意控制害虫叮咬芝体；连续下雨天气，畦床上方要有挡雨设施；一旦发生霉菌污染的病芝要及时摘除，采摘后芝床表面或出芝房要清理干净。

（4）褐腐病。

①危害特征：子实体染病后生长停止；菌柄与菌盖发生褐变，不久后腐烂，散发出恶臭味。

②发病原因：该病大多由繁殖在子实体组织间隙的荧光假单胞菌引起，在高温高湿和通风不良的条件下易发病。

③防治措施：抓好出芝期芝房与芝床的通风和保湿管理，避免高温高湿；

严禁向芝床、子实体喷洒不清洁的水；芝体采收后芝床表面及出芝房要及时清理干净；发生病害的芝体要及时摘除，减少病害的危害。

348. 如何进行灵芝干制？

由于灵芝味苦，且木质化，一般不能新鲜食用，故采收后多先进行干制，以便贮存和日后销售。

灵芝属中高温型真菌，一般在高温季节采收，采用自然日光晒干比较多。采收时用枝剪从柄基部剪断芝柄，采下的子实体置于晾晒大棚内自然晒干或在40~50℃下烘干，子实体含水量以不超过12%为宜。日光晒干不需特殊设备，方法简单，成本低廉，同时可节约许多能源。缺点是日光晒干受自然气候条件的限制，不能人为控制天气因素，如果遇上连续阴雨天气，影响灵芝的品质，甚至造成大量霉变和腐烂。自然晒干法应注意以下几点。

（1）掌握灵芝的成熟度。灵芝成熟后要及时采摘，不能太迟也不能过早，一般在菌盖边缘白色生长圈消失，灵芝颜色转为褐色时采收。

（2）注意采摘方法。采摘灵芝最好用剪刀轻轻剪下，注意不要碰伤灵芝背面，也不要触伤周边的小灵芝。

（3）选择适宜晒芝的天气。晴天有利于灵芝的晒干，阴雨天气一般不宜采收，以防灵芝霉变而影响品质。

（4）选择好晒场。晒场一般要设置在向阳、交通方便的地方，要远离饲养场、厕所、垃圾站等，以保持清洁卫生，避免污染。

（5）注意勤翻动。为使干燥均匀，晒干过程中多翻动，能缩短晒干时间。晒干越快，色泽越好，灵芝品质越高。

349. 如何进行灵芝孢子破壁？

灵芝孢子是灵芝的精华，含有丰富的蛋白质、氨基酸、多肽、萜类、生物碱、有机锗等化学成分，且各种成分含量均高于灵芝菌丝体和子实体。历来用于治疗许多疑难杂症。临床医学证明，灵芝孢子粉可抗衰老、抗肿瘤，增加机体免疫力，同时可止血、排毒、抗氧化、降血糖和血脂，对糖尿病、冠心病、神经衰弱、白血病等均有较好的疗效。但由于灵芝孢子壁含有几丁质、不溶性纤维和木质素，具有很强的耐腐蚀性，不易为人体消化和吸收，为了使其各种有效成分释放出来，须对孢子进行破壁，破坏其孢子壁的内部结构，便于人体的吸收，取得更好的药效。

灵芝孢子破壁方法有以下几种。

（1）胶体磨破壁法。将预处理后的灵芝孢子慢慢注入高速旋转的胶体磨中，磨成乳状且重复操作3次。此方法破壁操作比较简单，时间较短，但破壁率较低。

（2）超声冻融破壁法。超声波是一种常见的物理场，具空化效应、高频振动和超大混合作用，当其频率和功率达一定程度时，会使悬浊液中的孢子发生剧烈振荡，从而使孢子壁破裂。破壁时将灵芝孢子浆装入锥形瓶中，放置超声波机中30~40分钟，结合冻融处理，其破壁效果更好。此破壁方法比胶体磨破壁法复杂，但破壁效果比较好。

（3）均质机破壁法。将灵芝孢子浆注入高压均质机中，并加入2倍于孢子粉干重的无菌水，让均质机工作半小时。此法破壁需要20~30分钟，粉碎的颗粒较小，破壁率较高。

（4）超音速超微气流破壁法。将灵芝孢子浆注入超音速超微气流粉碎机中，旋转半小时左右。由于灵芝孢子的孢壁含几丁质、纤维素等物质，坚硬，耐酸碱且有弹性，因此超音速超微气流对撞的结果只能使孢壁变形或向内塌陷，其破壁效果并不理想。

（5）复合力场超微粉碎破壁法。将灵芝孢子浆注入复合力场超微粉碎机中，粉碎一定时间。复合力场超微粉碎机工作过程中，具有高速冲击、挤压、剪切、研磨等多种作用力，对于破壁和超微粉碎效果较好。此法破壁率相对较高。

第二十五节 桑 黄

350. 什么是桑黄？

桑黄俗称桑耳、桑臣、桑鸡、桑鹅、猢狲眼、桑菌、树鸡、桑黄菰、桑黄菇等，是一种高温型木腐型真菌，主要分布于我国山东、新疆、河北、吉林、辽宁和内蒙古等地。生于夏秋季，寄宿于桑树、榆树、杨树、水曲柳等树干上，子实体色泽金黄，扇形。现代分类学发现桑黄孔菌属有19种，近年研究发现，粗毛纤孔菌桑黄为正源传统中国中药桑黄，在山东大量集中出现在黄河故道古桑树群，为山东地理标志性重要的药用真菌。

351. 桑黄有哪些药用价值？

桑黄作为传统中药已有2 000多年历史，从秦汉的《神农本草经》、南北朝陶景弘的《本草经集注》、唐代孙思邈《备急千金要方》、甄权《药性论》、宋朝唐慎微《大观本草》、明代陈嘉谟《本草蒙筌》、清代《本经逢原》《四库全书》、当代《中医大辞典》《中国菌物药》等对其均有详细记载，桑黄其性甘、平，味辛，无毒，归肝、膀胱经，用于治疗血痹虚劳、症瘕积聚，癖饮、腹痛、金疮等疾病。现代医学研究表明，桑黄含有多糖类、多酚类、甾醇类、萜类等多种活性成分，具有抗癌、抗氧化、抗炎、活血化瘀、降血脂、保肝、降血糖、抑菌、抗病毒、修复肾损伤等多种药理作用。桑黄抗多种肿瘤和提高人体免疫力作用非常显著，在日本、韩国及东南亚十分盛行，有"森林黄金"的美称，是一味珍贵的真菌药。

352. 桑黄的生物学特性如何？

桑黄是典型高温木腐型真菌，菌丝长满袋一般需 28~35 天，再经 20~25 天转色后熟方可达到生理成熟。

（1）营养。药用桑黄常用的栽培材料有桑木屑、棉籽壳、玉米芯、麦麸等。

（2）温度。菌丝生长最佳温度 28~32℃，出菇最佳温度 22~30℃，子实体分化和生长的最佳温度 25~28℃。

（3）湿度。菌丝生长时，培养料基质适宜的含水量为 60%~65%。出菇时，空气相对湿度需要维持在 85%~95%，湿度低不利于诱导原基生长，湿度过大容易长成水菇。

（4）光照。培养初期不需要光照刺激，后熟转色期需要 500~1 000Lx 的弱光条件转色为佳，出菇期需要 1 000~2 000Lx 光线刺激，以诱导原基形成。

（5）酸碱度。适宜在中性或微碱性环境中均能生长，pH 值范围 5.5~8.0，以 6.5~7.5 为佳。

（6）通风。菌丝培养期二氧化碳浓度 3 000mg/kg 以内即可，出菇期需要大量新鲜空气，通风不良，二氧化碳聚集过高，容易导致子实体畸形，通风过大不利于子实体发育。

353. 桑黄适宜的种植时间是什么时候？

桑黄属中高温型食用菌，适宜在春夏制作栽培袋，夏秋季栽培出菇。春栽于 3—4 月制作栽培袋，5—6 月地温稳定在 20℃以上栽培袋进棚，进行出菇管理。秋栽于 7—8 月制作栽培袋，9—10 月地温降至 30℃以下进入出菇管理。

354. 桑黄出菇期要注意什么？

桑黄菌进入出菇期，需协调好温度、湿度、通风及光照强弱，是桑黄高产优质的关键因素。

（1）适宜桑黄出菇的温度25~30℃，在低于20℃以上或高于35℃以上停止出菇。

（2）环境湿度保持为80%~95%，湿度过低会导致原基不分化，适宜偏高湿润环境更利于诱导出菇，幼菇形成后适当降低环境湿度至75%~85%，利于提升子实体商品性状。

（3）作为好氧型真菌，桑黄出菇期需要大量氧气补给，一般二氧化碳控制以500~1 200mg/kg为宜，及时通风换气利于子实体形成和提升子实体商品性状，氧气不足或二氧化碳浓度过高，易导致子实体畸形，商品性降低。

（4）出菇期要有适当的光线刺激，光线过暗会不利于刺激出菇，出菇期光照强度以1 000~2 000Lx为宜。

355. 桑黄的采收要点有哪些？

当桑黄子实体黄色金边消失，此时子实体色泽金黄或微褐色，菌盖表面绒毛微起，适合即将弹射孢子前或弹射孢子初期采收。生长成熟的桑黄基部贴于培养袋面积较大，不易采收，为防止子实体损伤，采收时手指握于基部用力掰下，也可以借助铲刀切割采收。采收后清理出菇袋表面残留待转潮。子实体采收后进行分级处理后，需要快速干制处理或置于2~3℃冷库保存，避免高温变质造成产品质量下降。

第二十六节　血红栓菌

356. 什么是血红栓菌？

血红栓菌又名血红密孔菌、朱血菌、血朱栓菌、枫菌，为红栓菌小变种。血红栓菌属于木腐型真菌，造成木材白色腐朽，常生长在栎、杨树、柳树、橘树、桂花等阔叶树枯立木、倒木及伐木上，子实体橘红色，单生、群生或叠生，是一种分布广泛，具有多种药用价值的真菌，也是山东省野生分布较广的大型真菌之一。

357. 血红栓菌的药用和食用价值如何？

古中医对其记载较少，民间有用子实体火烧研粉敷于创伤处，治疗深部脓肿的应用。近代研究表明其含有血红栓菌素、朱红菌素、4-羟甲基喹啉、游离糖、糖醇及有机酸等多种活性成分，具有较强的抗肿瘤作用和增强免疫力、消炎解毒、清热除湿、止血止痛等功效，用于抑制肿瘤、消炎、痢疾、咽喉肿痛、跌打损伤、痈疽疮疖、痒疹、伤口出血、咳嗽痰喘、风湿诸症等。其真菌色素是一种具有很高营养价值和生理活性的天然食品原料，具有稳定性好、无毒、安全可食用特点。

358. 血红栓菌的生物学特性如何？

血红栓菌是典型木腐型真菌，菌丝长满袋一般需 20～25 天，再经 10～15 天方可达到生理成熟。

（1）营养。血红栓菌可在多种原材料上生长，但以木基原材料更适宜生长发育，常见树种如栎木、杨木以及松木、杉木均可生长。

（2）温度。菌丝生长温度 15～40℃，35℃生长最快，生长最适 26～28℃，出菇温度 20～30℃，子实体分化和生长的最佳温度 22～28℃。

（3）湿度。菌丝生长时，培养料基质适宜的含水量为 55%～60%。出菇时，空气相对湿度需要维持为 85%～95%。

（4）光照。出菇期需要充足散射光线刺激，利用形成原基。

（5）酸碱度。适宜在中性或微酸性环境中生长，pH 值 5.0～7.0 均可，最适宜 pH 值 6.0～6.5。

（6）通风。出菇需要新鲜空气促进生长发育，通风不足容易导致子实体形成畸形瘤状，通风过大子实体发生量较少。

359. 血红栓菌适宜的栽培时间是什么时候？

血红栓菌是一种对温度要求比较宽泛的真菌，春、夏、秋三季均适合出菇。一般适宜在冬季制种和制作栽培袋，春、夏、秋季栽培出菇，一次做袋，春、夏、秋三季出菇，也可以冬夏做袋，春夏、夏秋出菇。夏季温度高于 35℃，出菇受阻，可自然越夏后待平均温度低于 30℃以下，亦可再次出菇。

360. 血红栓菌出菇期要注意什么？

血红栓菌进入出菇期，需注意协调对温度、湿度、通风及光照的调控，是高产稳产的关键。

（1）环境温度要控制为 15~35℃，最适 20~30℃，长时间低于 15℃或高于 35℃出菇受阻，适度的大温差刺激利于出菇。

（2）环境湿度保持为 70%~90%，湿润环境有利于诱导子实体快速生长。菌袋刺孔后立即摆放到菌床上，需要在微干的环境生长 2~3 天，待菌丝复壮后即可加湿诱导出菇，叶片长出后保持环境湿度 75%~85%，适当降低环境湿度，更利于子实体的生长。

（3）血红栓菌是好氧型真菌，出菇需要大量氧气补充，适当通风换气，是保证血红栓菌生长发育的需要。

（4）出菇期要有适度的散射光线，过暗会不利于诱导，光照强度以 1 000~2 000Lx 为宜。

 361. 血红栓菌的采收、干制及储存的要点有哪些?

血红栓菌成熟后边缘生长点消失即可采收，刺孔出菇的菌包采收容易，用手轻摘即可，采收是采大留小。虽然血红栓菌抗杂菌能力较强，但采收后应迅速晾干或 60℃低温烘干，待含水量低于 10% 以内装袋密封，置于常温短期储存或 10℃低温长期储存。

附录
山东省农业科学院相关院所及产业链企业（合作社）介绍

第一节 相关院所介绍

1. 山东省农业科学院农业资源与环境研究所简介

山东省农业科学院农业资源与环境研究所始建于 1949 年，前身是山东省农业实验所农艺化学系，1959 年 4 月改称山东省农业科学院土壤肥料研究所，2010 年 12 月更名为山东省农业科学院农业资源与环境研究所。设有植物营养与肥料、农业微生物（食药用菌）应用、土壤资源利用修复、农业环境工程、废弃物资源利用五大学科。建有农业农村部黄淮海平原农业环境重点实验室、农业农村部废弃物基质化利用重点实验室、农业农村部山东耕地保育科学观测实验站、国家土壤质量济南观测实验站及山东省施肥与环境重点实验室、环保肥料工程技术中心等多个省级研发平台。现有在职职工 71 人，其中研究员 18 人，副研究员 21 人，博士 34 人，硕士 15 人。拥有国家食用菌产业技术体系岗位科学家 1 人，济南试验站站长 1 人；山东省泰山产业领军人才 2 人；山东省现代农业产业技术体系食用菌体系首席专家 1 人，岗位专家 2 人；山东省有突出贡献的中青年专家 3 人；全国优秀科技特派员 1 人；山东省优秀科技工作者 1 人。

联系电话：0531-66659270/66658270

2. 专家简介

万鲁长，山东省农业科学院二级研究员，山东省食用菌产业技术体系首席专家，兼任山东省政府农业专家顾问团成员、食用菌分团联络员，中国微生物学会理事，山东微生物学会副秘书长，山东省食用菌协会副会长，山东省企业管理研究会现代高效农业专委会副主任等。38 年来主要从事食药用菌种质资源开发、良种培育优繁、标准化工厂化生产、病虫害绿色防控、微生物菌剂及农业废弃物资源化利用技术研发工作，致力于珍优食用菌育种、高效栽培、循环农业及示范推广。荣获"全国优秀科技特派员""山东省急需紧缺高层次人才""山东省优秀科技工作者""山东省省直机关'五一'劳动奖章""山东省农科院十佳农科人""山东省农科院'三个突破'十佳个人"等荣誉称号。

先后主持承担国家及省部级科研课题 23 项，其中主持山东省重大科技创新工程"食用菌智慧工厂化生产关键技术研发及产业化"项目。获得省部及市厅级科技成果奖励 21 项，其中"种养废弃物高效生产食用菌及菌渣综合利用关键技术"和"长根菇等 5 种食用菌种质培育与智能工厂化高效栽培技术创建"分别获得山东省科技进步奖一等奖和二等奖。主持制定发布国家行业标准 4 项、省地方标准 60 余项、省级农业地方技术规程 30 余项。通过省级审定食用菌品种 4 个，选育食用菌及农业微生物优良菌株 30 余个，登记保藏菌株 15 个。获授权发明专利 10 余项，软件著作权 15 项。编著出版书籍 6 部，发表论文 80 余篇，参与编制食用菌产业发展规划 10 多套。列入 2012—2023 年山东省农业主推技术 10 项。

研究集成多项珍优食用菌高效栽培、秸秆等废弃物循环利用技术成果，在食用菌周年立体高效生产模式与标准化技术体系的建立、新型栽培基质和菌渣资源化利用技术研发等方面创新突出。种质开发和新菇种引进工作推动了山东省高端珍稀菇类规模生产和工厂化新菇种丰富发展；主持创建并推行食用菌液体菌种培制优繁工艺和种源维护保藏技术，缓解了工厂化菌种快速退化问题，提升了自给可控水平；增强了食用菌菌种菌包专业化商品化制备能力，推进了山东省工厂化与大棚菌业模式由"并存"走向"共融"，为山东省菌业科技进步、农民增收和企业增效做出了较大贡献。

黄春燕，女，硕士，1999 年毕业于山东农业大学，现为山东省农业科学院农业资源与环境研究所副研究员。主要从事食用菌遗传育种、高效栽培等相关研究工作，作为主要研发人员主持或参与多项省部级研究项目。先后发表论文 40 余篇，参编专著 3 部，参与制定国家行业标准 1 项、省审品种 3 个，首位制定省地方标准 3 项、授权专利 8 项、软件著作权 6 项，获神农中华农业科技奖二等奖 1 项、山东省科技进步奖一等奖 1 项、山东省科技进步奖二等奖 2 项、山东省科技进步奖三等奖 4 项、济南市科技进步奖二等奖 1 项。先后被选聘为"山东省科技扶贫专家服务团专家""西部经济隆起带农业服务基层"科技服务专家、"青岛市大棚木耳立体栽培专家工作站入站专家""泰安市精准扶贫科技指导员"，广泛开展科技帮扶和技术服务。

任海霞，女，硕士，研究员。2005 年毕业于齐鲁工业大学（山东轻工业学院）发酵工程专业，现在山东省农业科学院农业资源与环境研究所工作。主要从事食用菌和微生物学的科研与技术研发工作。先后主持山东省农业园区产业提升工程项目"香菇菌包精准化制作及品质提升关键技术"、山东省科技发展计划项目 2 项"利用太阳能工厂化周年生产草菇关键技术研究与示范""基于高效活性芽孢杆菌的复合微生物肥料的研发"，山东省农业科学院青年基金 1 项，参加了国家科技支撑计划"食用菌无公害管理技术体系建立与示范"、国家食用菌产业技术体系济南试验站、公益性行业科研专项"西北非耕地园艺作物栽培基质优化配制技术与产业化示范"、山东省食用菌产业技术体系首席团队、省良种工程、省农业重大技术创新等课题 11 项。获山东省科学技术进步奖一等奖 1 项；山东省科学技术进步奖二等奖 3 项；山东省科学技术进步奖三等奖 1 项；山东省自然科学学术创新二等奖 1 项；国审品种 1 个、省审品种 4 个；首位获国家发明专利 3 项、新型专利 3 项；发表论文 30 余篇。

任鹏飞，副研究员，国家食用菌产业技术体系济南试验站站长、中国农学会食用菌分会副秘书长、中国农技协食用菌委员会委员、山东省农业科学院食用菌栽培团队负责人、山东省科技特派员、山东省首批企业科技特派员、山东省西部隆起带技术专家、潍坊市大牟家镇科技镇长（2016—2018 年）、淄博市池上镇科技镇长（2019—2021 年）、山东省微生物学会理事、山东省食用菌协会理事等职。长期从事食用菌遗传育种与栽培、循环农业等研究；主持完成山东省重点研发计划 3 项，参与并完成国家重点研发计划、山东省泰山产业领军人才等 20 余项；制定行业标准 1 项，省地方标准 7 项；获农业农村部中华神农奖二等奖 1 项（第 6 位），参与编写著作 2 部，参与撰写国家优势农产品发展规划 1 部；首位授权发明专利 6 项，其中国际专利 1 项。参加马来西亚华人公会十大经济论坛并作首位主题报告，拍摄"巧用菌渣、变废为宝"专题纪录片并获"科蕾奖"，开展媒体宣传与科普 60 余次，国内外学术交流会、培训班 40 余次，指导毕业生 40 余人完成毕业实习和论文，培训 2 000 余人次。

王永会，女，1992 年 2 月生，博士，毕业于中国科学院大学。主要从事食用菌资源挖掘与栽培等研究。主持国家自然科学基金项目 1 项，参与并完成国家重点研发计划、科技基础性工作专项、生物多样性保护专项、山东省重点研发计划等项目，开展科普宣传 10 余次，在 *Journal of Systematics and Evolution*、*Molecular phylogenetics and evolution*、*Phytotaxa* 和《生物技术进展》等国内外期刊发表论文 10 多篇。

郭惠东，1972 年 10 月生，研究员，1995 年毕业于西南农业大学农学与植保学院。一直从事食用菌育种、栽培、病虫害防控、农业微生物应用、菌渣综合利用、循环农业等方面的技术研究与推广工作。先后主持及主要参与国家与省级科研课题项目 10 余项，获山东省科技进步二等奖 2 项，三等奖 5 项，在《食用菌学报》《中国食用菌》《山东农业科学》等刊物发表专业论文 30 余篇，主持或参与起草制定行业和地方标准 15 余项，获授权发明专利、软著 10 余项，参编书籍 5 部。20 多年来，在同行专家及老师的指导下，通过课题研究与示范推广，积累了较为扎实的专业理论基础和丰富的实践经验。在食用菌优良品种选育、新材料、新配方、新工艺的精准化栽培技术创新，智能化、标准化高效栽培设施的研发提升，产品质量控制与深加工，菌渣综合利用及循环农业等方面取得了较突出的技术成果，能准确把握国内外食用菌产业的发展动态与科技需求，为科研项目的实施奠定了良好基础。

韩建东，1980年11月生，九三学社社员，博士，研究员，山东省重点扶持区域引进急需紧缺人才，山东省农业科学院3237工程学科带头人培养人选。主要从事食用菌遗传育种和高效栽培方面的研究工作，主持与参加了20余项国家和省部级科研项目，获省部级以上科技奖励9项、厅局级奖13项；首位获国家发明专利7项，实用新型专利4项；制定国家行业标准2项、省地方标准10项、省农业主推技术3项、省农业地方技术规程4项；发表各类学术论文100余篇，参编著作5部。被聘为"省科技特派员""万名专家服务基层行动计划专家""西部隆起带科技服务基层专家""省科技扶贫专家服务团专家"和"省选派服务基层科技人员"。

谢红艳，1980年10月生，博士，山东省农业科学院农业资源与环境研究所，助理研究员。2010年毕业于中国科学院微生物研究所真菌学国家重点实验室，获理学博士学位。主要从事食用菌种质资源、遗传育种、栽培技术等方面的研究工作。第一主持国家自然科学基金1项、山东省重点研发计划项目1项、山东省博士后创新项目专项资金1项、山东省农业科学院（邹城）食药用菌产业技术研究院产学研合作项目1项、山东省农业科学院青年科研基金1项。参与国家食用菌产业技术体系岗位科学家项目（第5位）、山东省重点研发计划项目（乡村振兴提振计划）（第6位）等科研项目。第一作者或通信作者发表论文7篇，其中SCI收录2篇，参编著作1部，发表会议摘要2篇，获得山东省科技进步奖一等奖1项、二等奖1项，首位授权国家发明专利1项、软件著作权2项。首位制定山东省农业地方技术规程1项，首位获得灰树花新菌株1株。济南市历城区高端人才，威海市文登区乡村振兴首席专家、山东省科技特派员。中国菌物学会、中国微生物学会会员。

杨鹏，1978年5月生，陕西铜川人，毕业于中国农业大学，山东省农业科学院农业资源与环境研究所食用菌学科团队成员，助理研究员，中国微生物学会会员，山东省食用菌产业技术体系成员。主要从事食药用菌新品种选育、高效栽培和菌渣循环利用等方面研究工作。熟悉食药用菌领域专业知识，以及20余种菌类栽培工艺及生产流程。在药用菌和珍稀食用菌开发方面成绩显著，通过野生采集和系统选育，获得具有重要开发价值的野生菌60余株，其中有重要价值的药用菌桑黄、红栓菌等成功栽培，大球盖菇、羊肚菌等珍稀菇品种筛选也进入驯化选育阶段。参与国家食用菌产业技术体系岗位科学家、山东省食用菌产业技术体系首席岗位、山东省农业良种工程等项目的研发工作，获成果3项，其中山东省科技进步奖一等奖1项、山东省科技进步奖二等奖2项、国家行业协会二等奖1项；发表论文26篇；授权发明专利27件，软件著作权

7 件；参编著作 2 部；参与制定发布省地方标准 8 项；参与发布山东省农业主推技术 4 项，参与审定品种 1 个。

曲玲，女，主要从事食用菌遗传育种、栽培、病虫害防控、菌渣基质利用等研究。参加国家及省部级科研项目 10 余项，国家食用菌产业技术体系济南试验站第二位参加人。获得山东省科技进步奖二等奖 2 项、三等奖 4 项，山东省农牧渔业丰收一等奖 1 项、三等奖 1 项，选育国家级新品种 1 个、省级新品种 4 个，制定发布食用菌行业标准 1 项和山东省地方标准 5 项，授权发明专利10 项，发表学术论文 20 余篇，出版著作 6 部，建立院级食用菌科技示范基地3 个。

第二节　产业链企业（合作社）介绍

郓城娴硕谷物种植专业合作社原来是一家以谷物种植为主业的合作社，流转土地 200 余亩，入社农户 111 户，社员 300 余人，粮食烘干机 4 台及仓储库一座（面积 1 800m²）。近年来在山东省农业科学院农业资源与环境研究所食用菌团队的帮扶下，先后开展了平菇、毛木耳、白灵菇、灵芝、双孢蘑菇、草菇、羊肚菌、长根菇等食用菌品种生产，经营模式为"合作社生产基地+打工农户+村集体扶助基金积累+村困难户分红"。建立了山东省农业科学院郓城食用菌专家工作室和山东省食用菌产业技术体系首席专家示范基地，挂职专家与枣杭村娴硕合作社形成了创新服务利益共同体，优化调整食用菌品种结构，探索产业转型升级、提质增效的新途径。引进试验示范优良菌种 13 个，落地应用省科技成果技术 1 项、省农业主推技术 2 项，已取得双孢蘑菇、草菇、毛木耳等 6 个食用菌产品绿色认证证书，以及娴硕、华郓庄园 2 个商标。常年栽培控温棚 23 座，指导生产 60 多万菌包，年增收效益达 300 万元以上。

合作社负责人：王淑全

联系电话：13854001235